典型陆海综合体基础调查及监测预警

李　焰　严小敏　等　编著

科学出版社

北京

内 容 简 介

本书针对区域复杂、资源丰富、人类活动频繁、信息庞大的陆海综合体基础调查及监测预警进行深入研究，通过综合利用陆海空天立体监测、大数据处理与分析、物联网技术等各种方法，实现对复杂陆海综合体的立体监测、数据转换与数据存储，建立相应的数字模型，形成一套对应的复杂陆海信息综合体，以便用于政府管理及各种行业应用的数据统计分析、辅助决策等领域。

本书空间上跨越了陆域、陆海交替带、海域等多个复杂区域，内容上包括了海域使用调查、海草床生境边界调查、滩涂资源调查及海岸带承灾体调查等多个复杂调查对象，对海籍调查、海域使用动态监管及海岸带基础调查工作人员有一定借鉴作用。

图书在版编目（CIP）数据

典型陆海综合体基础调查及监测预警/李焰等编著.—北京：科学出版社，2021.11

　ISBN 978-7-03-070524-2

　Ⅰ.①典…　Ⅱ.①李…　Ⅲ.①海洋环境−环境监测−研究−中国　Ⅳ.①X834

中国版本图书馆CIP数据核字（2021）第229660号

责任编辑：朱　瑾　白　雪　付丽娜 / 责任校对：郑金红
责任印制：吴兆东 / 封面设计：刘新新

科 学 出 版 社 出版
北京东黄城根北街16号
邮政编码：100717
http://www.sciencep.com

北京虎彩文化传播有限公司 印刷
科学出版社发行　各地新华书店经销

*

2021年11月第　一　版　开本：720×1000　1/16
2021年11月第一次印刷　印张：9 1/2
字数：192 000

定价：148.00元
（如有印装质量问题，我社负责调换）

前　言

陆海综合体是一个包括陆域、陆海交替的潮间带及海域，区域复杂、资源丰富、人类活动频繁、信息庞大的复杂综合体，空间上包括生态综合体和产业综合体两部分。本书是在陆海综合体理论体系指导下的具体实践。技术体系上综合利用陆海空天立体监测、大数据处理与分析、物联网技术等方法，实现对复杂陆海综合体的立体监测、数据转换与数据存储，建立相应的数字模型，形成一套对应的复杂陆海信息综合体，以便政府管理及各行业数据统计分析、辅助决策等。

本书空间上跨越了陆域、陆海交替带、海域等多个复杂区域，内容上包括海域使用调查、生境边界调查、滩涂资源调查及海岸带承灾体调查等多个复杂调查对象，在调查方法、内容、现状等方面进行了比较详细的论述，并以中国-东盟陆域矿业资源调查、北部湾海籍调查、海岸带及海域使用批后监管为典型案例进行了深入剖析。最后基于多源观测手段，快速获取多要素和高价值的海洋数据，构建了海洋大数据监测预警平台，提高了海洋信息化应用及服务水平。本书将对陆海综合体研究与调查起到借鉴作用。

全书总体思路设计者为许贵林、李焰、严小敏。全书主要由严小敏撰写，由李焰审稿、本书编著委员会审定。书中基础调查部分由严小敏、许希、莫志明、文莉莉、李贵斌、黄文龙、高劲松、洪星架、吴尔江、黄乐协作完成，数据平台建设部分由李焰、邬满、陈鑫婵、李宛怡、吴迪、郭靖、杨杪薇、玉衡星协作完成。

衷心感谢为本书编辑出版付出辛勤工作做出贡献的科技工作者，感谢广西壮族自治区自然资源厅、广西壮族自治区海洋局、南宁师范大学、广西壮族自治区海洋研究院等单位领导的大力支持。由于本书编写时间有限，书中难免会有不足，敬请读者谅解。

编著者
2021年3月

目　　录

上篇　基　础　调　查

下篇　陆海综合体监测预警平台建设

上 篇

基 础 调 查

第1章 陆海综合体综述

1.1 陆海综合体概念的提出

2006 年以来，国家海洋局通过国家海域动态监视监测管理平台项目开发研制、业务化运行，已连接至海域管理部门、海域动态监管中心、海域使用执法机构，专线节点 346 个、无线节点 252 个，形成了一套国家、省（区）、市、县四级海洋部门之间的信息高速公路和针对确权登记用海的空间资源监管技术体系。但是在项目实施过程中遇到了难题：陆域、海域没有综合信息（生态、环境、资源、海洋经济）立体监管（许贵林等，2018），传统的单一空间监测导致多个规划冲突、项目重复审批、项目区域重叠和产业经济监管困难等严重问题；海域使用权证统一配号机制很难解决不动产登记与海洋行业各部门、各行业之间的数据标准和衔接问题，造成很多的信息孤岛。另外，广西作为"一带一路"陆、海、边相邻的有机衔接重要门户，广西北部湾经济区和沿海开放形成的珠三角、长三角和环渤海三大经济圈，共同构成了中国经济发展的两个金三角和两个黄金海岸，生产总值占全国的比例超过 60%，沿海经济成为继京津冀、长江经济带和珠江 - 西江经济带新的增长极，广西这种独特的陆、海、边相连，面向东盟的区位优势，对发展沿海经济带有着极其重要的作用。我国沿海发展到今天，一方面，需要一个海陆交互特殊区域的"生态综合体"的监管，由自然生态系统、人类系统、社会系统、居住系统和支撑系统五大要素，通过系统的组合构筑在一个特定区域的人居环境监管体系。另一方面，需要一个陆海产业综合体监管体系，由一个或若干个枢纽区组成的产业集聚区，在枢纽区内部以经营类企业为核心，各产业依照它们之间的关联程度，依次呈圈层分布，原材料、副产品、废品能够在一个区域内进行循环处理，达到资源的最有效利用。这个陆海区域产业综合体是一个有生命力的开放的动态监管系统，也体现了现代产业综合体动态开放性。"城市综合体"作为区域产业综合体的一部分，是将城市中的商业、办公、居住、旅店、展览、餐饮、会议、文娱和交通等城市生活空间的三项以上进行组合的综合体。

1.2 北部湾陆海综合体发展情况

广西北部湾经济区，作为中国 - 东盟博览会、中国 - 东盟商务与投资峰会、环北部湾经济合作论坛等国际性区域平台的永久举办地，是我国"经略南海的南国大门"的陆海综合体的最好证明。广西积极开展与泛珠三角、长三角、西南地区和港澳台地区的合作,已初步形成以东盟为重点的沿海、沿边、内陆全方位开放合作格局,客观上也需要一个生态承载和产业发展陆海综合体。

例如,钦州某产业园区是一个典型的复杂海陆综合体。它既包括纯陆域,又包括海陆交替的潮间带和纯海域。该项目的实施还发现以下问题:一是海域与陆域土地调查面积重叠问题。海域使用面积与全国第一、二次土地变更调查划定的陆域土地存在重叠,重叠区域的利用现状以养殖虾塘为主(坑塘水面),为当地村民围造的水塘,约占重叠总面积的80%,同时分布有土丘、林地、少量耕地等。二是海域与陆域重叠区域项目存在重复审批问题。这部分重叠的区域中,用地按土地审批流程办理农用地转用和土地征收手续,并已完成土地征收,但海域同时需办理用海手续,造成同一地块重复审批和缴费的状况。

因此,为避免陆海用地规划重叠、用地审批重复等多种问题,实现资源的最优配置和集约化开发利用,更好地发挥广西独特的陆海相邻优势,加强对广西复杂陆海综合体的动态监管显得尤为重要。

1.3 北部湾陆海综合体监管内涵

为解决以上综合体的动态监管问题,本书在陆海综合体概念的基础上,进一步在实践领域对典型陆海综合体基础调查与监测预警平台进行总结扩展。

本书的典型陆海综合体是一个包括陆域、陆海交替的潮间带及海域的区域复杂、资源丰富、人类活动频繁、信息庞大的复杂综合体,空间上包括生产、生态和生活综合体三大部分。陆海信息综合体监测预警技术体系,是综合利用陆海空天立体监测、大数据处理与分析、物联网技术等各种方法,实现对复杂陆海综合体的立体监测、数据转换与数据存储,建立相应的数字模型,形成一套对应的复杂陆海信息综合体,以便用于政府管理及各行业数据统计分析、辅助决策等领域。对陆海综合体的监测主要有以下几大类:面向权属的宗海、宗地的监测;面向辖区的跨境监测;根据指定对象的自适应监测。本课题组提出的复杂陆海综合体,是基于全球地理网格剖分,综合各种手段的陆海立体监测,并能通过大数据技术进行离散和重新聚合的一种对于陆海综合信息的数字化表达。在一个相关的陆海区域中,把区域内的陆海资源(含生态、环境)、经济基础设施和人文景观等资源以生产组合的形式有机综合起来,通过区域内具有增长极功能的城市体系的聚散效应,就可构成该区域内陆海生态综合体和产业综合体二元空间结构,最终形成陆海综合体。

本课题组通过融合海域动态监视监测管理系统、土地资源配置预警系统和广西海域使用核查管理系统的优势,运用钱学森的综合集成理论,实现对近岸海域开发、陆域土地开发以及海陆过渡带开发的实时监视监测，在数据库、网络及应用系统的研发基础上，构建了国家、省（区）、市、县四级陆域、海域使用动态监视监测业务体系，形成可长期、稳定、高效运行的陆海综合动态监管系统（图1-1）。其中海域动态监视监测管理系统建设最为成熟，2010～2016年通过国家海洋局的不断投入及建设，完成了海域使用统计、围填海计划台账管理，实现全国海域使用权证统一配号，配合引入无人机遥感监测手段，监测范围由我国近海扩展到我国黄岩岛、钓鱼岛及西沙群岛全部岛屿附近等远海海域，现已推广到我国228个沿海县的海域监视监测业务，实现了国家、省（区）、市、县四级海域动态实时监测及联动（图1-2）。为弥补陆域土地规划动态监测的短板，2012年国土资源部以钦州市为试点，实施了"土地资源配置预警新模型理论与实践"项目，通过建立土地资源规划的配置模型和指标，对土地规划指标异常点进行预警预报，解决土地资源配置问题。

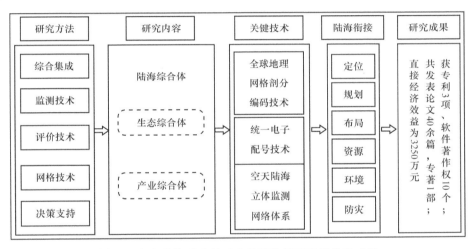

图1-1　复杂陆海综合体动态监视监管研究路线及成果

1.4　陆海综合体理论体系与基础调查关系

本书内容是在陆海综合体理论体系指导下的具体实践。本书分为上、下篇共7章。其中第1章重点介绍陆海综合体概念提出的背景、发展情况及监管技术要点；第2章主要从海域使用调查、海草床生境边界调查对海域资源调查内容进行阐述；第3章主要从滩涂资源调查、海岸带承灾体调查对海陆交替带资源进行阐述；第4章主要以中国-东盟矿业合作论坛为典型案例进行阐述；第5章主要以海籍调查、海域使用批后监管为典型案例进行阐述；第6章主要从海洋大数据平台建设进行阐述；第7章主要从北部湾地理时空数据网格化智慧服务预警平台建设进行阐述。

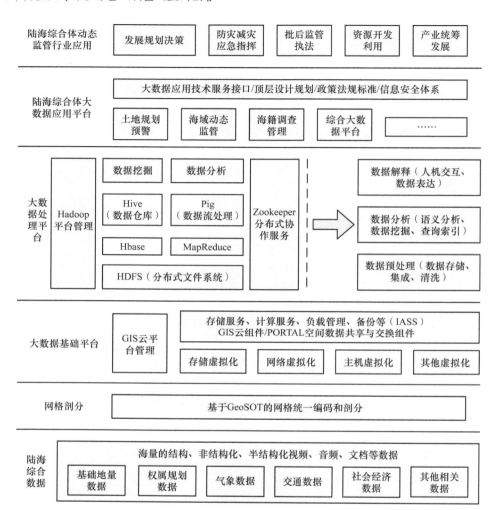

图1-2　复杂陆海综合体动态监视监管框架

第 2 章　海域资源调查

2.1　海域使用调查

2.1.1　海域使用调查的目的和意义

海域使用调查的目的是全面查清广西海域使用状况，掌握真实的海域使用基础数据，并对调查成果实行信息化、网络化管理，建立和完善土地调查、统计制度和登记制度，实现土地资源信息的社会化服务，满足经济社会发展、土地宏观调控及国土资源管理的需要。开展海域使用调查，对于贯彻落实科学发展观，构建社会主义和谐社会，促进经济社会可持续发展和加强国土资源管理具有十分重要的意义。

1）开展海域使用调查，是贯彻落实科学发展观、加强和改善土地调控、保证国民经济平稳健康发展的重要基础。

土地是民生之本，发展之基。土地管理影响着国家经济安全、粮食安全、生态安全，关系到经济社会发展全局。掌握真实准确的土地基础数据，是贯彻落实科学发展观，以及发挥土地在宏观调控中的特殊作用、严把土地"闸门"的重要基础。开展海域使用调查，全面掌握建设用地、农用地特别是耕地、未利用地的数量和分布，掌握城镇、村庄及独立工矿区内部工业用地、基础设施用地、商业用地、住宅用地及农村宅基地等各行业用地的结构、数量和分布，是科学制定土地政策、合理确定土地供应总量、落实土地调控目标的重要依据，是挖掘土地利用潜力、大力推进节约集约用地的基本前提，是准确判断固定资产投资增长规模、及时调整供地方向、政府科学决策的重要依据。

2）开展海域使用调查，是保障国家粮食安全、维护农民权益、统筹城乡发展、构建和谐社会的重要内容。

耕地是粮食生产最重要的物质基础，是农民最基本的生产资料和最基本的生活保障。我国人地矛盾十分突出，人均耕地仅为 1.4 亩[①]，不足世界平均水平的 40%，且每年呈不断下降的趋势。保护耕地是我国的基本国策。开展海域使用调查，全面掌握全国耕地的数量、分布，开展基本农田状况调查，将基本农田上图、登记上证、

---

① 1亩≈666.7m²

造册，是落实最严格的耕地保护制度的根本前提，是监督、考核各地耕地和基本农田保护任务目标完成情况、保障国家粮食生产能力的重要内容。开展海域使用调查，全面查清农村集体土地所有权、农村集体土地建设用地使用权和国有土地使用权权属状况，及时调处各类土地权属争议，全面完成集体土地所有权登记发证工作，依法明确农民合法土地权益，是有效保护农民利益、维护社会和谐稳定、统筹城乡发展的重要内容。

3）开展海域使用调查，是科学规划、合理利用、有效保护和严格管理土地资源的重要支撑。

运用土地政策参与国家宏观调控的新形势、新任务，要求土地管理必须充分应用经济手段、法律手段、行政手段和技术手段，科学规划、合理利用、严格保护土地资源，保障各项管理扎实有效。应用遥感等先进技术开展海域使用调查，全面获取准确、可靠的土地利用数据和图件，为土地征收、农用地转用、土地登记、土地规划、土地开发整理等各项土地资源管理业务提供可靠的基础支撑和全面的服务，才能不断提高土地管理水平，提高国土资源管理部门的执政能力。

4）开展海域使用调查，是满足土地管理方式和管理职能转变的重要措施。

《国务院关于加强土地调控有关问题的通知》（国发〔2006〕31号）明确规定，以实际耕地保有量和新增建设用地面积，作为土地利用年度计划考核、土地管理和耕地保护责任目标考核的依据，还规定，新增建设用地土地有偿使用费缴纳范围，以当地实际新增建设用地面积为准。要求必须全面、准确掌握耕地、新增建设用地实际情况，必须及时、快速获取各类土地数据。开展海域使用调查，查清各地土地利用的实际情况，建设国家、省（区）、市、县四级联网的调查数据库，建立土地资源信息快速更新机制，为考核各地耕地保护责任目标完成情况、新增建设用地使用费收缴等提供准确依据，是满足土地管理方式和管理职能转变的重要措施。

2.1.2　海域使用调查的主要任务

广西海域使用调查的主要任务包括：开展海域使用调查工作，建立互联共享的覆盖自治区、市、县三级海域使用调查数据库；建立海域使用资源变化信息的调查统计、及时监测与快速更新机制。具体任务如下。

1）完成资料的收集整理工作，海域使用基础调查数据核查管理工具平台开发、数据整合招投标工作，并对示范区宗海单元进行核查，形成广西海域使用基础调查核查资料集及图集。完成海域使用调查数据核查管理工具平台试运行，基本完成数据整合工作。

2）全面完成海域使用调查，通过调查与勘测工作获取宗海的位置、界址、形状、权属、面积、用途和用海方式等有关信息。

3）基本完成海域使用权属核查，在海域使用调查的基础上，完成包括海域使用数据的自治区、市、县三级海域使用调查数据库的建设，建立海域使用调查数据库管理信息系统，实现广西海域使用调查信息共享。

4）开展广西部分养殖用海项目核查，包括调查本宗海的申请人或使用权人、用海类型、坐落位置，以及与相邻宗海的位置与界址关系等。

2.1.3　海域使用调查的技术方法

全面调查防城港全市、北海市铁山港区和合浦县沿海岸线周边海域使用现状，包括用海项目（确权项目及历史用海项目）的调查及测量、公共用海调查和其他利用现状调查。采用内外业相结合的调查方法，充分利用已有的调查成果和资料，按照海域使用调查相关要求，获得调查区域内海域使用权属数据、公共用海、其他利用等有关信息，并建立海域使用调查数据库。

以国家海域动态监视监测管理系统用海数据叠加最新遥感影像编制调查工作底图，充分利用现有资料，在北斗卫星导航系统（BDS）、全站仪、地理信息系统（GIS）和遥感（RS）技术等现代化测绘手段的基础上，实地对每一宗用海进行外业调查，准确获取每一宗海数据（图 2-1）。

2.1.4　广西海域使用现状

海域使用现状分析，主要是在调查的基础上，更进一步澄清各种海域使用权属数据调查、公共用海调查、其他利用现状调查和大陆自然岸线的分类面积、分布及使用状况，为进行海洋区划、规划及因地制宜地指导渔业生产，以及全面管理海洋等各项工作任务提供基础依据和建议。

海域使用权属数据、公共用海、其他利用现状分类面积汇总见表 2-1。

调查成果显示，总面积为 679 121.35hm^2，其中：①海域使用权属数据面积为 24 848.32hm^2，占全域土地总面积的 3.66%；②公共用海面积为 66 952.28hm^2，占全域总面积的 9.86%；③其他利用现状总面积为 587 320.76hm^2，占全域总面积的 86.48%。广西海域使用总体情况如图 2-2 所示。

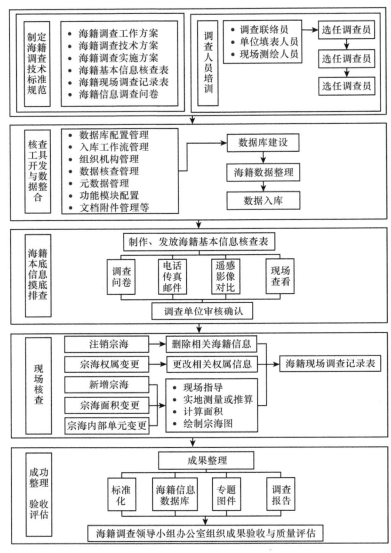

图2-1 技术路线图

表2-1 海域使用基础调查现状分类面积汇总表

序号	分类	面积（hm²）	占比（%）
1	海域使用权属数据	24 848.315 0	3.66
2	公共用海	66 952.277 2	9.86
3	其他利用现状	587 320.756 2	86.48
合计		679 121.348 4	

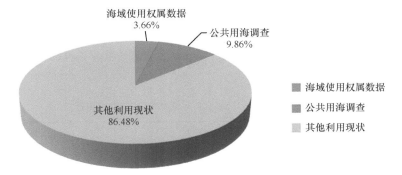

图2-2　广西海域使用总体情况

1. 海域使用权属数据结构分析

调查显示，海域使用权属数据面积有 24 848.32hm²，占全域土地总面积的 9.86%，一级分类面积汇总见表 2-2。

表2-2　海域使用权属数据一级分类面积汇总表（单位：hm²）

序号	一级分类	面积
1	填海造地	6 308.517 0
2	构筑物	370.433 6
3	围海	1 761.103 8
4	开放式	16 017.059 1
5	其他方式	391.201 5
合计		24 848.315 0

从上述开发利用现状看，海域使用权属开发使用结构主要由三部分组成。其中开放式用海占总面积的 64.46%；填海造地占 25.39%；围海占 7.09%（图 2-3）。

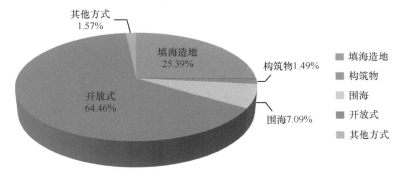

图2-3　海域使用一级分类情况

2. 公共用海结构分析

调查显示，公共用海面积有 66 952.28hm²，占全域总面积的 9.86%，一级分类面积汇总见表 2-3。

表2-3　公共用海一级分类面积汇总表（单位：hm²）

序号	一级分类	面积
1	交通航管	30 784.176 9
2	环保	35 505.700 8
3	防灾减灾	263.890 4
4	渔业	394.950 1
5	科研	3.271 0
6	旅游娱乐	0.000 0
7	其他	0.288 0
合计		66 952.277 2

从上述开发利用现状看，公共用海开发使用结构主要由两部分组成。其中环保占总面积的 53.03%；交通航管占 45.98%（图 2-4）。

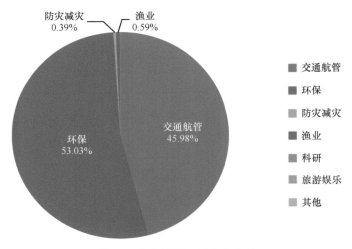

图2-4　公共用海一级分类占比

3. 其他利用现状结构分析

调查显示，其他利用现状总面积 587 320.76hm²，占全域总面积的 86.48%（表 2-4）。

表2-4　其他利用现状一级分类面积汇总表（单位：hm²）

序号	一级分类	面积
1	耕地	525.841 5
2	园地	0.334 3
3	林地	7 056.276 6
4	草地	418.374 3
5	商服用地	4.388 8
6	工矿仓储用地	2 049.809 1
7	住宅用地	837.052 7
8	公共管理与公共服务用地	11 245.142 5
9	特殊用地	55.273 5
10	交通运输用地	1 598.419 3
11	水域及水利设施用地	563 426.747 2
12	其他土地	103.096 4
合计		587 320.756 2

从上述开发利用现状看，其他利用现状结构主要由三部分组成。其中水域及水利设施用地占总面积的95.93%；公共管理与公共服务用地占1.91%；林地占1.19%（图2-5）。

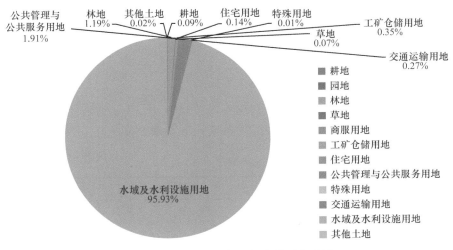

图2-5　其他利用现状一级分类面积成果

4. 区域分布情况

从区域分布规律看，海域使用权属数据、公共用海、其他利用现状主要分布情况如图 2-6 所示。

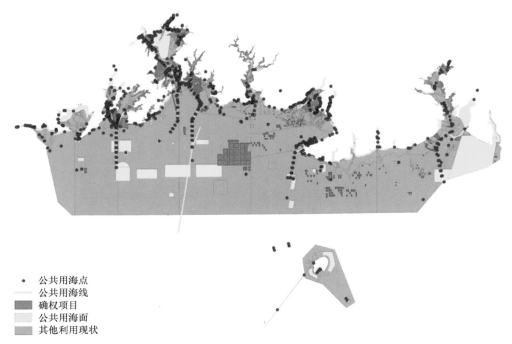

公共用海点
公共用海线
确权项目
公共用海面
其他利用现状

图2-6　海域使用区域分布图

5. 海域开发使用现状分析

（1）海域使用权属数据

1）国家海域动态监管系统中确权现状项目 2439 个，发放海域使用权证书 2586 本，海域使用面积 39 584hm²，填海面积 7648hm²，见表 2-5。

表2-5　国家海域动态监管系统现状表

序号	分类	数量	备注
1	工程建设项目用海	367	国家海域动态监管系统为 313 个
2	现状养殖用海	2072	
合计		2439	

2）按照审批级别划分。国家、自治区级审批项目 313 个，发放海域使用权证书 422 本，涉及用海面积 10 270hm²，填海面积 7507hm²（部分涉及填海造地的项目用海由于历史原因由市级人民政府审批）；市级审批项目 295 个，发放海域使用权证书 313 本，涉及用海面积 1492hm²；县（市、区）级审批项目 1831 个，发放海域使用权证书 1851 本，涉及用海面积 27 822hm²，见表 2-6。

表2-6　按照海域使用项目审批级别划分表

序号	分类	数量	面积（hm²）
1	国家、自治区级审批项目	313	10 270
2	市级审批项目	295	1 492
3	县（市、区）级审批项目	1 831	27 822
合计		2 439	39 584

3）按照海域使用类型划分。根据《海域使用分类》，海域使用权属数据按照海域使用类型划分为 9 个一级类，广西经批准的用海规模较大的为渔业用海 28 344.29hm²，工业用海 5263.72hm²，交通运输用海 3610.18hm²，分别占确权用海总面积的 71.6%、13.3% 和 9.1%，见表 2-7。

表2-7　按照海域使用类型划分表

序号	名称	面积（hm²）
1	渔业用海	28 344.287 8
2	工业用海	5 263.720 2
3	交通运输用海	3 610.184 5
4	旅游娱乐用海	608.921 2
5	海底工程用海	50.468 0
6	排污倾倒用海	2.145 9
7	造地工程用海	1 015.053 6
8	特殊用海	119.524 9
9	其他用海	571.083 9
合计		39 585.390 0

广西海域使用现状确权项目用海类型结构见图 2-7。

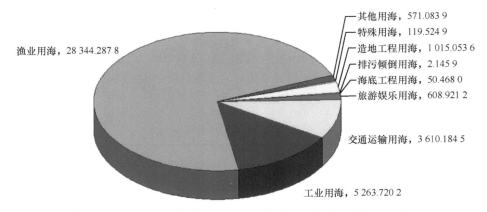

图2-7　广西海域使用现状确权项目用海类型结构图（单位：hm²）

4）按照用海方式划分。根据《海域使用分类》，海域使用权属数据按照用海方式采用二级分类，其中一级分类5个，二级分类21个。广西确权项目用海方式以开放式养殖用海为主，用海面积28 437hm²，其次为填海造地（7648hm²），分别占确权总面积的71.8%和19.3%（表2-8）。这与广西主要用海产业类型渔业用海、工业用海、交通运输用海相吻合。广西海域使用现状确权项目用海方式结构见图2-8。

表2-8　按照用海方式划分类型表

序号	名称	面积（hm²）
1	填海造地	7 648.103 1
2	构筑物	542.722 9
3	围海	2 341.957 8
4	开放式	28 437.248 7
5	其他方式	606.814 6
合计		39 576.847 1

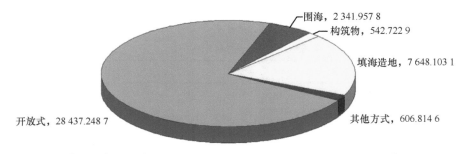

图2-8　广西海域使用现状确权项目用海方式结构图（单位：hm²）

5）按照项目位置划分。北海市用海项目 1274 个，用海面积 19 022hm²，主要用作渔业开放式养殖用海（16 284hm²）；钦州市用海项目 844 个，用海面积 14 612hm²，主要用作渔业开放式养殖用海 10 330hm²，相比较北海市养殖用海，钦州市养殖用海主要为规模化养殖，单个用海面积 400hm² 的项目近 20 个；防城港市用海项目 321 个，用海面积 5950hm²，主要用作工业、交通运输及填海造地（2850hm²），具体见表 2-9。

表2-9　广西沿海三市用海项目及面积统计表

序号	名称	数量	面积（hm²）
1	北海市	1 274	19 022
2	钦州市	844	14 612
3	防城港市	321	5 950
合计		2 439	39 584

（2）公共用海

根据《海域海籍基础调查技术规程》，参照国家海洋局《公共用海数据收集整理技术规范》，公共用海调查成果采用二级分类，其中一级分类 7 个，二级分类 19 个。调查成果包括交通航管、环保、防灾减灾、渔业用海、科研、旅游娱乐和其他 7 个公共用海类型共 631 条数据信息。公共用海一级分类面积汇总见表 2-10。

表2-10　公共用海一级分类面积汇总表（单位：hm²）

行政区	小计	交通航管	环保	防灾减灾	渔业用海	科研	旅游娱乐	其他
钦南区	20 971.533 1	14 279.282 7	6 640.111 6	38.889 3	12.000 0	1.128 0		0.121 5
海城区	2 547.876 8	14.617 0	2 510.100 5	18.131 3	5.000 0	0.000 0		0.028 0
银海区	2 819.976 6	2 784.633 9	0.005 0	31.316 7	3.000 0	1.007 0		0.014 0
合浦县	23 161.644 6	1.000 0	23 066.079 5	89.461 1	5.000 0	0.087 0		0.017 0
铁山港区	3 089.708 2	3 070.801 3	0.003 0	14.872 9	4.000 0	0.002 0		0.029 0
港口区	10 858.046 1	10 475.623 9	0.017 0	25.396 0	356.950 2	0.016 0		0.043 0
防城区	183.042 5	157.218 1	0.006 0	18.278 4	7.000 0	0.513 0		0.027 0
东兴市	3 320.449 4	1.000 0	3 289.378 2	27.544 7	2.000 0	0.518 0		0.008 5
合计	66 952.277 3	30 784.176 9	35 505.700 8	263.890 4	394.950 2	3.271 0	0.000 0	0.288 0

交通航管用海分类中公共航道数据 20 条，包括水深条件（m）、通航等级 2 项属性，数据根据《广西壮族自治区海洋功能区划（2011—2020 年）》分析获取；公共锚地数据 27 条，包括水深条件（m）、锚地类型、可锚船数量 3 项属性，数据来源为根

据《广西壮族自治区海洋功能区划（2011—2020 年）》分析获取；公共路桥数据 21 条，包括等级、长度（km）、宽度（m）、起止点 4 项属性，数据根据自治区防空和边海防办公室提供的公共路桥调查数据分析计算取得；公共港口数据 18 条。

环保用海分类中，海洋保护区用海 6 条，涉及用海面积 35 505.70hm²，包括占用岸线长度（km）、级别、主要保护对象 3 项属性；公共排污口 63 个，包括设计排放量、排放标准、主要污染物 3 项属性，数据根据自治区环保厅海洋环境监测中心站提供的公共排污口台账整理分析获取。

防灾减灾用海分类中，海岸防护工程用海 136 条，总长度达 527km，包括等级、占用岸线长度（km）、保护范围 3 项属性，数据根据自治区水利厅提供的海堤台账（共 83 条信息）整理分析获取；防潮防洪闸 271 个。

渔业用海分类中，群众渔港 45 个，包括水深条件、泊位数量、级别 3 项属性，数据根据自治区水产畜牧兽医局提供的"广西沿海渔港建设'十三五'规划"整理分析，结合实地走访了解渔港的分布及大致位置。人工渔礁 1 个，包括礁体材质、投放范围 2 项属性，数据根据自治区水产畜牧兽医局提供的人工鱼礁调查表和礁体材质数据信息获得。

科研用海分类中，验潮站用海 10 个，包括用途、相关设施和类型 3 项属性，数据来源为国家海洋局北海环境监测中心提供的验潮站调查表和台账。航标数据 459 条，包括用途、类型和高度（m）3 项属性，数据来源为广西海事局提供的航标数据台账。观测平台 / 浮标 17 条数据信息，包含用途、保护范围、类型 3 项属性，数据从海洋水质水文监测浮标系统中提取获得。

旅游娱乐用海分类中，浴场用海已在海域使用权属数据中统计，为方便以后工作设置了占用岸线长度（km）、类型 2 项属性。其他用海也未获取相关数据。

按照公共用海类型分布，广西公共用海规模较大的类型主要为公共锚地和保护区域。其中公共锚地主要分布在防城港市企沙南部、钦州市南部海域和北海市铁山港区部分海域。保护区用海分别为广西山口红树林国家级自然保护区、广西涠洲岛珊瑚礁国家级海洋公园、广西壮族自治区合浦儒艮国家级自然保护区、广西北仑河口国家级自然保护区、广西钦州茅尾海国家海洋公园和广西茅尾海红树林自然保护区 6 个。

（3）其他利用现状

根据《海域海籍基础调查技术规程》，参照《第二次全国土地调查技术规程》及《海岸带制图图式》，其他利用现状调查成果采用二级分类，其中一级分类 12 个，二级分类 58 个，见表 2-11。

表2-11　广西海域使用现状调查其他利用现状调查编码

编码	名称	编码	名称	编码	名称	编码	名称
13		131	水田	21	特殊用地	211	军事设施用地
		132	水浇地			212	使领馆用地
		133	旱地			213	监教场所用地
14		141	果园			214	宗教用地
		142	茶园			215	殡葬用地
		143	其他园地	22	交通运输用海	221	铁路用地
15	林地	151	有林地			222	公路用地
		152	灌木林地			223	街巷用地
		153	其他林地			224	农村道路
		154	红树林			225	机场用地
16	草地	161	天然牧草地			226	港口码头用地
		162	人工牧草地			227	管道运输用地
		163	其他草地	23	水域及水利设施用海	231	沿海滩涂
17	商服用地	171	批发零售用地			232	坑塘水面
		172	住宿餐饮用地			233	沟渠
		173	商务金融用地			234	水工建筑用地
		174	其他商服用地			235	冰川及永久积雪
18	工矿仓储用地	181	工业用地			236	养殖池塘
		182	采矿用地			237	河口水域
		183	仓储用地			238	海域水面
		184	盐田			239	水库水面
19	住宅用地	191	城镇住宅用地	24	其他利用方式	241	空闲地
		192	农村宅基地			242	设施农用地
20	公共管理与公共服务用地	201	机关团体用地			243	田坎
		202	新闻出版用地			244	盐碱地
		203	科教用地			245	沼泽地
		204	医卫慈善用地			246	沙地
		205	文体娱乐用地			247	裸地
		206	公共设施用地				
		207	公园与绿地				
		208	风景名胜设施用地				

　　注：为科学管理调查成果数据，保证调查数据在广西分布全覆盖，在数据分类中将海域水面归为水域及水利设施用地

广西共调查各类图斑 29 456 个，总面积为 587 320.76hm²，具体见表2-12。

表2-12 其他利用现状一级分类面积汇总表（单位：hm²）

行政区	小计	耕地	园地	林地	草地	商服用地
钦南区	135 048.473 7	323.017 7	0.247 8	2 918.745 7	167.233 4	0.269 2
海城区	46 229.341 9			19.531 2	0.673 0	
银海区	106 260.086 5	8.216 9		310.474 3	2.348 2	
铁山港区	47 806.087 6	110.827 1		2 243.710 5	99.095 8	
合浦县	62 843.382 6			39.607 5	8.626 5	
防城区	94 361.948 3	4.794 9	0.086 5	1 067.428 4	65.472 4	4.119 6
港口区	61 626.427 8	78.960 3		427.003 3	74.495 7	
东兴市	33 145.007 8	0.024 6		29.775 7	0.429 3	
总计	587 320.756 2	525.841 5	0.334 3	7 056.276 6	418.374 3	4.388 8

行政区	工矿仓储用地	住宅用地	公共管理与公共服务用地	特殊用地	交通运输用地	水域及水利设施用地	其他土地
钦南区	540.302 3	255.712 1	2 997.870 6	55.001 0	1 010.112 5	126 717.869 3	62.092 1
海城区	34.760 6	63.890 0	0.401 0		23.782 0	46 084.566 0	1.738 1
银海区	2.944 5		8 212.289 4		7.660 6	97 711.375 7	4.776 9
铁山港区	278.842 0	460.434 7	0.338 9		161.173 5	44 428.272 6	23.392 5
合浦县	1 006.464 1	2.500 5	0.170 9	0.272 5	11.075 9	61 774.664 7	
防城区	157.812 2	29.459 1	29.037 8		356.435 8	92 640.839 8	6.461 8
港口区	28.683 4	25.056 3	4.393 9		24.547 1	60 959.004 8	4.283 0
东兴市			0.640 0		3.631 9	33 110.154 3	0.352 0
总计	2 049.809 1	837.052 7	11 245.142 5	55.273 5	1 598.419 3	563 426.747 2	103.096 4

根据统计结果，水域及水利设施用海面积占其他利用现状的95.93%，除大面积海域水面外，广西沿海岸线一带分布有大量历史存在未确权的养殖虾塘，在本次调查中将其列为其他利用现状中水域及水利设施用地中的养殖池塘，该部分图斑数量达 12 457 个，面积达 11 450.00hm²，同确权养殖用海相比，约占确权养殖用海的40.00%。

（4）岸线调查

根据广西壮族自治区人民政府关于 2008 年大陆自然岸线的批复，广西大陆自然岸线西起东兴市北仑河口，东止于与广东省交界的英罗港，长度 1628.90km，按照《海岸带调查技术规程》，大陆岸线类型包括粉砂淤泥质海岸线、河口岸线、基岩海岸、砂质岸线、生物海岸线、人工岸线，其长度分别为 110.28km、5.70km、30.78km、112.03km、89.59km、1280.52km，广西海岸线总长 1628.90km（表 2-13）。其中，北海、防城港和钦州管辖岸段的大陆岸线长度分别为 525.96km、538.02km、564.92km。

表2-13　广西海域使用现状调查岸线类型与长度统计表（单位：km）

区域	粉砂淤泥质海岸线	河口岸线	基岩海岸	砂质岸线	生物海岸线	人工岸线	小计
北海	4.64	3.05	3.28	50.60	25.42	438.97	525.96
防城港	82.18	1.32	19.16	35.30	4.47	395.59	538.02
钦州	23.46	1.33	8.34	26.13	59.70	445.96	564.92
总计	110.28	5.70	30.78	112.03	89.59	1280.52	1628.90

在 2008 年政府批复的自然岸线修测成果基础上，本次海域使用现状调查工作按照原勘测范围和分类标准，对自然岸线部分进行实地调查和统计，对其中发生变化的部分进行标注和统计。调查岸线类型包括人工岸线、粉砂淤泥质海岸线、河口岸线、基岩海岸、砂质岸线、生物海岸线，其长度分别为 1387.89km、58.70km、5.49km、19.73km、78.18km、78.91km（表 2-14）。

表2-14　广西大陆自然岸线修测岸线类型与长度统计表（单位：km）

区域	粉砂淤泥质海岸线	河口岸线	基岩海岸	砂质岸线	生物海岸线	人工岸线	小计
北海	4.51	2.99	3.28	48.54	24.06	442.58	525.96
防城港	44.59	1.24	12.71	15.42	2.73	461.33	538.02
钦州	9.60	1.26	3.74	14.22	52.12	483.98	564.92
总计	58.70	5.49	19.73	78.18	78.91	1387.89	1628.90

经比对，岸线变化情况主要为人工岸线有所增加，主要集中分布在钦州市沿线和防城港市企沙半岛区域，变化原因除部分因项目建设产生人工岸线外，大部分为海岸防护工程新建河堤围堰产生人工岸线。

2.2 海草床生境边界调查

2.2.1 海草床生境边界调查的目的和意义

海草是生长于河口和浅岸水域的单子叶植物，全球有海草植物60余种，海草床与红树林、珊瑚礁是热带亚热带地区三大典型海洋生态系统。海草床生态系统能改善海水的透明度，减少富营养质，是浅海水域食物网的重要组成部分，直接食用海草的生物包括国家濒危保护动物儒艮（俗称美人鱼）、海胆、马蹄蟹、绿海龟、海马、鱼类等。海草床不但可以为海洋生物提供重要的栖息地和育幼场所，而且在全球碳循环、氮循环、磷循环中具有重要作用。

海草在全球范围有着广泛分布，我国从黄渤海一直到南沙群岛都有海草分布，广西和海南是热带亚热带区域海草床的重要分布区域。据调查，2013年监测数据表明海草床主要分布在广西北部湾地区的北海东海岸、丹兜海、茅尾海、钦州湾外湾、铁山港、珍珠港等地（韩秋影等，2007），原保有面积约770hm^2，其中面积最大的铁山港海域近600hm^2（图2-9），国家濒危保护动物儒艮经常出没在这一海域。

图2-9 2013年广西北部湾铁山港海域海草分布图

为加强监测，国际海藻协会建立了全球海草监测网，形成了一整套全球标准化的海草监测工具和数据库。1996 年，广西合浦建立了一个约 300km^2 的儒艮国家级自然保护区，2008 年在北海建立了我国第一个全球海草科学监测站。

　　广西北部湾海草分布于热带、亚热带和温带沿岸海区（范航清等，2007）。准确掌握广西海草分布状况，对于了解海草进化及系统发育具有重要生态意义。近年来，受全球气候变化和人类活动（如猎杀、挖沙虫、挖螺、围网捕鱼等）的影响，广西北部湾海草的分布面积锐减（李颖虹等，2007），"大块变小块"，斑块破碎化严重（图 2-10）。2016 年广西海草监测结果显示，目前铁山港海草分布面积下降了 90%，只有 50 多公顷（图 2-11）。保护区工作人员于 2000 年在区内组织 3 次考察，均未观

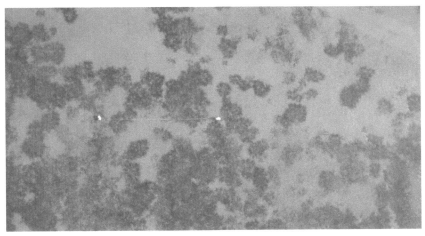

图2-10　广西北部湾铁山港海草破碎化斑块分布图

图2-11　2016年广西北部湾铁山港海草分布示意图

察到儒艮，只在澳大利亚和东南亚才发现有儒艮的报道（Borum et al.，2004），儒艮这一生物已在广西北部湾消失。如何让海草"小块并小块"，恢复 20 世纪 50 年代连片规模及生态系统的功能，让"美人鱼"重现广西北部湾，加强海草床生境边界与演化研究，科学划定海草生境范围，进一步加强海草保护，成为亟待解决的难题。

当前对于海草床的保护，遇到的瓶颈问题如下。

1）海草床保护区划分粒度过粗与区域生态保护及经济发展的矛盾。当前保护区划分方法还处于粗粒度、大尺度的阶段，未能做到根据海草床生长环境变化设立适当的保护区范围。粒度过粗、过大的海草床保护区划分，造成了"区域很大、监管不准；该保护的没保护到，不该保护的反而保护"。这不仅给海草床生态系统的保护带来了问题，同时也影响了部分区域的经济发展。

2）海草床保护数据难以整合融合。在业务上儒艮国家级自然保护区由环保部门管理，但海草床保护涉及多个行业、多个业务系统，如环保部门的自然保护系统、国土部门的土地规划系统、海洋部门的海域使用核查管理系统和海域动态监视管理系统等多个系统，系统内数据库结构不同、标识不同、定义不同，尚无法实现多源、异构海草床保护数据的整合。

针对上述问题，本研究在地球空间剖分网格框架下，发展了一种适合海草床生态系统的地理网格空间标识和离散表达方法。在同一空间基准框架下融合不同系统的遥感等多源异构的海草床保护数据，分析海草床的历史时空变化规律；并结合生态环境指标变化情况，利用地球空间剖分网格地理演化对海草床分布边界进行预测，找到适宜海草生长的栖息范围提前加以保护，成果将为我国温带乃至东南亚区域海草监测和保护区选划提供指导，也可推广到红树林、珊瑚礁的生境边界演化的研究中。

2.2.2　海草床生境边界调查的主要任务

1. 研究一种适合海草床生态系统的地理网格空间标识和编码方法

依托地球空间剖分网格框架，在统一的空间基准框架下，研究海草床唯一网格编码、编码索引大表等方法，实现不同系统、多源异构海草床保护数据的融合。通过建立地理网格空间编码标准，对海草床生态系统中的海草床地理位置特征、群落特征、水质及水动力环境、沉积物组合、底栖动物、人类活动等相关数据打上具有时空属性的网格编码，对多源异构数据统一组织管理，实现对点线面体统一表达的海草床地理网格空间统一标识。

2. 构建海量动态数据索引的海草床生境边界演化模型和生境指数

基于地球空间剖分网格框架的海草床历史时空变化规律研究，以广西北部湾海草床为例，对比海南省海草保护区，参考东盟和澳大利亚监测数据，在海草床数据融合整合的基础上，利用地球空间剖分网格框架编码代数计算，研究北部湾海草床的空间变化规律和时间变化规律；构建海草床地理位置特征、群落特征、水质及水动力环境、沉积物组合、底栖动物、人类活动等生境边界评价指标。

3. 基于地球空间剖分网格框架的海草床预测方法

在海草床边界演化模型的基础上，利用全球剖分网格技术能够支持海量动态数据的快速索引、动态存储的需求，对广西海域海草床可能出现地区进行科学预测。

2.2.3　海草床生境边界调查的技术方法

由于海草床所处环境十分复杂，从人类活动的角度来看，海草床处于人类活动最密集、最频繁的滨海地区；从陆海位置的角度来看，海草床处于潮间带和潮下带中，同时受到陆海两方面的影响；从管理监测的角度来看，海草床位于陆海交界，同时受陆海多部门管理与监测，这就造成了当前研究的局限性，存在以下科学问题。

1）尽管建立了全球海草监测网，形成了一整套全球标准化的海草监测指标和工具，但主要还是在监测内容上的规范统一，很难做到全球剖分时空网格框架上的一致，各区域海草监测时空对比研究很难开展。

2）目前对于海草床监测主要还是停留在常规生物多样性监测，遥感水色卫星和水下潜水调查也受到很多限制，海草床网格空间生境边界"组合标志式"监测指标及其演化研究还处于空白阶段。

3）当前保护区划分粒度较粗，影响了该区域的生态保护和经济发展。当前保护区划分方法还处于粗粒度、大尺度的阶段，未能做到根据海草床生长环境变化设立适当的保护区范围。这给海草床生态系统的保护带来了问题的同时也影响了部分区域的经济发展。

针对以上不足，课题组提出以下研究思路。

1）在全球海草监测网基础上，引入全球剖分框架下时空网格技术，即 2^n 一维整型数组的全球经纬度时空网格剖分方法（数据一体化网格技术）（图 2-12），研究一种适合滨海生态系统的地球空间剖分方法，进行网格标识和区位编码（Cheng et al.，2016）。

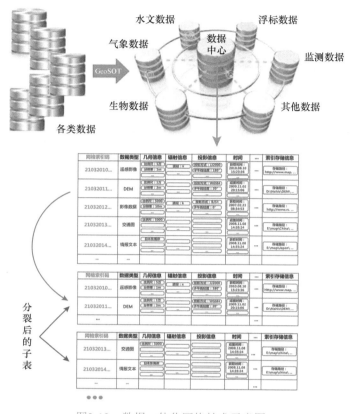

图2-12　数据一体化网格技术示意图

2）在人为干扰较少区域（如海南省海草保护区），通过海草监测数据时空网格生境对比研究，建立海草床生态系统生境组合标志，进而发展一种生境指数，通过指数的聚合和阈值设定，按照核心区 - 缓冲区 - 试验区分带，开展海草床空间监测生境边界演化规律研究。

3）通过定量生境边界划定，为海草床生长环境变化设立科学化、精细化保护区范围，对区域内生态保护和经济发展起到支撑作用。

为解决多源异构数据问题，引入全球剖分框架来实现统一组织管理。全球剖分框架具有全球覆盖、无缝无叠、尺度完整的特性，即能够实现对点线面体的统一表达，多源数据如光照数据、水文数据、生物多样性数据等，是通过对某一区域取样调查后取得的，所以能够对这些数据根据其描述的对象与范围对应产生唯一的编码，再根据唯一的编码作为索引主键重新组织数据、建立索引大表即可实现对多源异构数据的存储、分析功能。也就是通过产生唯一的编码将所有多源异构数据纳入全球剖分组织框架中解决数据统一管理的难题。

　　为解决时空数据问题，如海草床监测站每日测量数据、生态浮标的取样数据、无人机航拍数据，随之产生的是海量、动态、立体的数据。随着每日数据的更新，查询速度越来越慢，难以满足实际应用的需求（邱广龙等，2013）。当前统计再分析的方法，无法做到对海草床生态环境进行实时监测与分析（宋树华等，2014）。使用全球剖分网格所形成的立体空间索引（图 2-13），以二进制一维整型数作为检索主键，通过逻辑大表的形式与其他数据库形成关联。由整型数构成检索主键的方法比起其他空间数据库使用经纬度坐标等方式做检索主键的方法将大大提高检索效率，对于任意空间的动态数据分布，在插入、删除、检索等方面，较国际上领先的方法（填充曲线 +B 树、填充曲线 +R 树、填充曲线 + 八叉树、填充曲线 +QR 树等）都有明显提升（安丰光等，2014），提升幅度从 30% 至 10 倍不等，即满足了针对大数据量的快速索引需求。而对于动态数据，只需要划分其取样区域，对其进行编码，将编码存入数据库，这一过程全部由计算机完成，编码生成用时少，能够满足当前动态监测的业务需求。

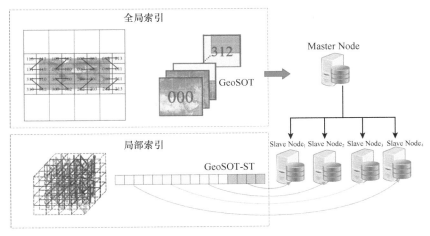

图2-13　数据索引技术示意图

　　为解决海草床生态保护范围粗泛（四点坐标连线组成的四边形区域）问题，未考虑海草床生态系统的变化对自然保护区范围的影响问题。同时国家相关法律规定自然保护区一般为禁止开发区，保护范围太大会阻碍当地经济发展。为了达到"既要金山银山，又要绿水青山"的目的，需要科学划定海草床生态环境边界，当前常用的技术手段就是网格模拟技术。针对网格模拟，需要根据现有取样数据以及该类数据的实际分布扩散情况建立扩散插值模型，涉及大量的位置运算，采用经纬度坐标就需要浮点数运算，运算过程慢、耗时久。为加快网格模拟过程，采用剖分网格技术，使用二进制整型编码，配合以二进制位运算为主的编码代数插件，能够快速进行平移、测距、聚合等位置相关运算，可实现空间信息组织、存储、传输、分发、服务等应用的高效"编码化操作"（图2-14）（王妍程等，2016）。通过网格模拟，可以得出海草床大概率生长区域，就能够有所针对性地制定海草床保护区，更好地保护海草床生态系统。

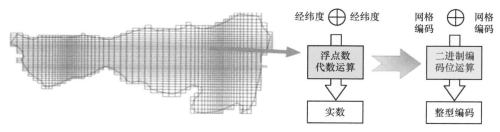

图2-14　网格编码计算技术示意图

全球剖分网格技术能够解决海草床保护中，数据组织难、空间索引久、空间计算慢的难题，发展了唯一编码、索引大表、编码代数等技术。利用全球剖分网格技术实现科学管理海草床生态系统的目标是可行的。

第 3 章　海陆交替带资源调查

3.1　滩涂资源调查

　　《关于特别是作为水禽栖息地的国际重要湿地公约》（又称《湿地公约》）认为湿地是：不论其为天然或人工、长久或暂时性的沼泽地，泥炭地或水域地带，还是静止或流动的淡水、半咸水、咸水水体，包括低潮时水深不超过 6m 的水域。海岸滩涂湿地是受陆地、海洋和人类活动共同作用的具有典型生态边缘效应的系统，也是生态环境相对脆弱的地带。随着沿海经济的快速发展，城市的快速扩张，我国沿海地区人多地少的矛盾日益突出，如何缓解用地紧张局势、开辟新的经济增长空间已成为沿海各地区关注的重点。而作为海岸带重要组成部分的海岸滩涂则成为沿海地区扩展发展空间的重要的后备土地资源。

　　2008 年 1 月 16 日，国家批准《广西北部湾经济区发展规划》实施，广西沿海地区成为我国西部大开发和面向东盟开放合作的重点地区，广西沿海地区的开放开发迎来了一个前所未有的高潮。2009 年，广西壮族自治区人民政府颁布了《广西海洋产业发展规划》，把科技兴海作为重要内容，对今后广西沿海经济发展奠定了基调，指明了方向。广西把开放开发的战略重心定在北部湾，以北部湾为核心的沿海开发正在加速推进，其中广西沿海港口建设已经成为广西经济发展的重要依托，一批临海（临港）工业重大项目纷纷落户广西沿海，另外，为了发挥沿海优势，规划将北海铁山港、钦州港、防城港企沙半岛等建设成以石化、林浆纸、钢铁、炼油、冶金、机械制造等产业为主的工业区。近年来，为顺应北部湾经济区项目建设开发的需求，岸线和滩涂资源的大量利用，给具有"中国大陆近岸最后一片洁海"之称的广西北部湾沿海带来了资源与环境等方面的巨大压力和挑战。海水养殖、港口码头建设、开辟盐田等多种沿海海岸滩涂资源开发利用方式在产生社会、经济效益的同时也带来了不可忽视的海洋生态与环境负面影响，具体体现为：海水入侵造成沿海地区部分居民饮水困难；过度捕捞和过度围垦导致近海海域传统、优质的渔业资源日趋减少，海洋生物资源衰退，珍稀物种处于濒危状态，生物多样性降低；海水养殖业外排的化学药物和营养物，加剧了海水有机污染和富营养化，诱发有害藻类和病原微生物的大量繁殖；港口岸线的大面积开发建设，使滩涂湿地、红树林面积缩小，导致港口湾内生境退化、海岸侵蚀加剧、海洋污染富集等生态风险；其他灾害如台风等也因生境退化而加重。

　　由此可见，广西北部湾经济区海岸滩涂资源正面临严峻的衰退形势，如何在加速资源开发的同时，重视生态环境保护，把开发活动带来的负面影响降到最低程度，合理利用湿地资源，规避开发建设带来的生态风险，保证广西沿海湿地生态安全和实现海岸滩涂资源可持续利用是一项刻不容缓的任务。主要目的如下。

1）摸清广西北部湾经济区海岸滩涂资源开发利用现状。随着广西北部湾经济区的快速发展，广西沿海岸线滩涂资源不断被开发利用，自然地块逐渐向人工地块转变，生态资源的缺失以及生态功能的衰退成为经济开发下急需解决的严峻问题。为了进行科学研究，保护岸线滩涂资源可持续利用，有必要全局把握广西北部湾经济区海岸滩涂资源开发利用的现状。

2）分析广西北部湾经济区海岸滩涂资源保护和开发利用存在的问题。广西北部湾经济区海岸滩涂湿地生态系统的退化与其不合理的开发利用方式有着很大的关系，为了正确处理好经济开发和湿地生态系统恢复与保护的关系，必须分析广西北部湾经济区海岸滩涂资源保护和开发利用存在的问题，以便有针对性地提出保护广西北部湾经济区海岸滩涂资源、促进海洋经济可持续发展的对策建议。

3）提出广西北部湾经济区海岸滩涂资源保护和开发可持续发展实施方案。北部湾经济区作为中国经济发展的"新一极"，是国家整体发展战略的重要组成部分，具有全局意义和长远的重大战略意义。在当今海洋资源日趋紧缺的大环境下，如何合理配置、有效利用现有海洋资源以满足区域经济社会发展的需要，是北部湾经济区发展过程中必须面对的一个重要现实问题。深入开展对广西北部湾经济区海洋资源现状及开发策略研究，并提出科学、有效的建议和措施，有利于广西海洋经济的可持续发展。

3.1.1 滩涂资源调查的主要任务

1）通过多源遥感技术对广西北部湾经济区海岸滩涂资源开发利用现状的调查监测，主要调查滩涂及浅海资源开发利用、港口资源开发利用现状，分析广西北部湾经济区海岸滩涂资源保护方面存在的问题并提出建议。

2）研究海岸带滩涂开发利用问题，保障北部湾经济区重大建设项目（如港口、码头、临海项目等）用海需求，提出节约集约利用海岸滩涂资源建议。

3）提出相应的北部湾经济区海岸带滩涂资源保护及开发可持续发展实施方案和对策建议。

3.1.2 滩涂资源调查的技术方法

1. 课题研究的数据来源

1）遥感影像、矢量文件等空间属性数据。

2）研究区资源利用、保护、发展等方面的相关规划，如《广西北部湾经济区发展规划》《广西北部湾港总体规划》《广西壮族自治区沿海港口布局规划》《北海市城市总体规划（2013—2030 年）》《钦州市城市总体规划（2008—2025）》《防城港市城市总体规划（2008—2025 年）》《广西壮族自治区国土空间生态保护修复规划（2021—2035 年）》《广西壮族自治区海洋主体功能区规划》。

3）海岸线、滩涂等海域使用的相关法律法规。

4）研究区自然环境与社会经济资料。

5）集约节约用海相关案例和文献研究。

2. 研究区海岸带滩涂资源开发利用现状调查监测

利用多时相高分辨率遥感影像研究 2008 年至今广西北部湾经济区开放开发以来，广西海岸带滩涂资源保护和开发利用状况变化，并着重进行现状分析。

（1）遥感数据选取

为保证资源调查的准确性，选取具有较高空间分辨率的遥感影像。时相上选取两个时间段，即 2008 年广西北部湾经济区开放开发初期和 2014 年最新影像。影像拍摄时间选取潮位较低时刻（表 3-1）。

表3-1　广西海岸带区域遥感影像种类

卫星种类	分辨率	时相	区域
日本 ALOS	2.5m	2008	
高分一号	2m	2014	广西海岸带区域
ZY1-02C	2.36m	2014	

2008 年影像：选取日本 ALOS 卫星影像，2.5m 分辨率。

2014 年影像：选取国产高分一号影像，2m 分辨率，国产 ZY1-02C（2.36m 分辨率）作为补充。

（2）遥感数据与处理

a. 影像处理

遥感数据影像预处理包括几何校正、辐射校正、影像融合等。本研究拟采用的数据地理基础为：WGS84 坐标系；采用高斯 - 克吕格投影；111 度中央经线；1985 国家高程基准。

b. 影像解译（滩涂利用状况信息提取）

进行影像解译，将滩涂利用状况分为以下几类：盐田、养殖、港口码头、建设地、裸滩、自然湿地（包括盐沼草、红树林、海草、珊瑚礁等）。

影像解译分为 4 个阶段：

1）目视解译准备工作；

2）初步解译与判读区的野外考察；

3）室内详细判读；

4）野外验证与补测。

为了保证数据的全面性和准确性，还需要进行大量的野外实地调查，同时对遥感解译数据进行进一步的验证。对于 2008 年影像的解译，可以结合并参考收集到的相关资料进行。另外，当地群众对于该地区的海域滩涂开发利用情况非常熟悉，结合群众走访的方式将大大提高外业的工作效率。

c. 目视解译成果的转绘与制图

应用 GIS 技术将解译成果转绘为矢量图，并进行面积计算。根据项目需要，可叠加研究区海洋自然保护区、海洋旅游区、重要生态系统等区域的分布，制作各类专题图件。

3. 研究区海岸带滩涂保护和开发利用状况分析

基于 RS、GIS 技术进行研究区景观格局动态分析和研究区海岸滩涂资源的开发利用程度综合评估，具体内容见图 3-1。

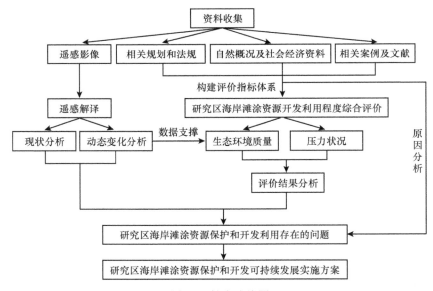

图3-1　技术路线图

1）针对影像的解译结果进行多元统计，基于 GIS 技术构建研究区海岸滩涂利用变化转移矩阵，对滩涂生态系统格局的构成现状及变化进行分析。

2）以《广西壮族自治区海洋功能区划（2011—2020 年）》中确定的海洋功能区和研究区界线划分评估单元，基于研究区海岸滩涂利用的状态和压力两个层次，从生态环境质量和胁迫因子方面选取指标，构建评价指标体系综合评价研究区海岸滩涂资源开发利用的程度。其中，生态环境质量评价可从多样性结构、生态功能、景观动态变化等方面选取指标，胁迫因子评价可从社会经济指标、开发强度、自然灾害、环境污染、外来种入侵等方面选取指标。评价步骤如下：①确定指标因子和量化方法，构建综合评价指标体系。②结合层次分析法、德尔菲法等确定指标权重。③定义综合评价指数的等级和分值范围，并制定相应的评价标准。④计算各研究单元的综合评价分值，基于 GIS 绘制研究区海岸带滩涂资源开发利用程度等级图。

4. 研究区海岸带滩涂开发利用中存在的问题和保护建议

综合广西海岸带滩涂区域生态系统景观格局的演变规律及变化驱动力、生态环境综合质量评价、胁迫因子等评估结果，提出海岸带滩涂保护及开发利用中出现的问题，并根据问题提出相应的建议和对策。

1）结合研究区海岸带滩涂利用现状，提出目前研究区在资源利用以及保护方面存在的问题，如规划相符性、产业布局、每种资源利用方式对生态环境产生的危害等，提出优化滩涂资源利用的建议。

2）根据生态环境质量和压力的综合评价结果，本着开发利用与生态保护并重的原则，结合现有的生态修复工程、在建或拟建项目进行分析，针对各类研究单元提出存在的问题，并根据不同功能区的具体要求提出相应的北部湾经济区海岸带滩涂资源保护及开发可持续发展实施方案和对策建议。

3.1.3　滩涂使用现状

1. 评价单元

本节主要针对广西沿海未利用滩涂进行农业适宜性评价。考虑到沿海滩涂发育的特殊性及农作物生长需求条件，根据表 3-2 一票否决硬性指标，初步筛选研究区滩涂农业开发模式适宜性分析的评价单元。筛选结果为：铁山港、北海营盘、廉州湾、南流江、大风江、三娘湾、茅尾海河口和茅尾海共 8 个区域。

表3-2　滩涂农业适宜性评价指标及赋值情况表

序号	评价指标	评价内容	赋值
1	野外综合评价	地势开阔、平坦，淡水供给充足	10
		地势较开阔，淡水供给一般	5
		地势起伏大，淡水供给困难	0
2	土壤 pH	6.0～7.9	10
		4.5～6.0，7.9～9	5
		（＜4.5，≥9.0）	0

续表

序号	评价指标	评价内容	赋值
3	土壤含盐度（mg/g）	≤2	10
		2～6	5
		≥6	0
4	土壤有机质含量（%）	≥2	10
		0.5～2	5
		≤0.5	0
5	土壤质地	壤土	10
		砂壤土	5
		砂砾、基岩	0
6	土壤厚度（cm）	≥20	10
		10～20	5
		≤10	0

2. 评价方法

本次评价采用了野外调查及室内数据分析相结合的方式开展，具体评价步骤如下。

（1）评价指标体系构建和赋值

本次评价中考虑以下 6 个主要指标：区位综合评价、土壤 pH、土壤含盐度、土壤有机质含量、土壤质地、土壤厚度。各主要指标根据其对农作物生长发育的影响程度分别赋值 10、5、0。按照评价因子的适宜开发程度降序划分。零值用来剔除不参与评价或者不受影响的评价单元。

（2）评价单元野外实地调查及土样采集

实地调查 8 个评价单元的地势地貌、淡水来源、生境分布等区位环境，并在适当潮位和地点采集有代表性的土壤样品。

（3）土样分析

通过现场分析和实验分析的方法确认各评价单元滩涂土壤的各项指标数值。

（4）数据综合分析

通过对上述 6 个指标进行综合打分求和，得出分值。根据这个评分结果将分数分成三个等级，按 ≥50、0～50 分、0 分，依次对应适宜开发、适度开发、不适宜开发三个等级的区域。

3. 评价结果

　　根据对滩涂宜农性的评价，得出了广西未利用滩涂宜农地区及其面积（图3-2）。广西未利用滩涂宜农地区主要分布在北海市的铁山港^①、营盘、南流江；钦州市的大风江、茅尾海，宜农开发总面积6053.53hm²，其中适宜开发面积2725.35hm²，适度开发面积3328.18hm²（表3-3）。下面就适宜开发和适度开发地区进行详细描述。

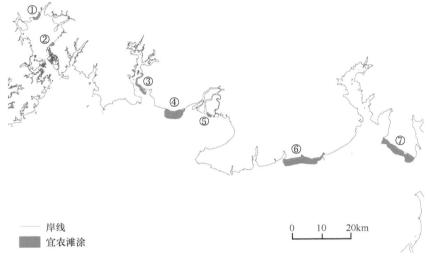

图3-2　广西滩涂宜农评价结果

图中编号1～7见后文介绍

表3-3　滩涂农业适宜性评价结果

序号	评价单元	一票否决指标	滩涂农业适宜性评价结果				
			得分	适宜开发	适度开发	不适宜开发	面积（hm²）
1	铁山港	—	47		√		1750.46
2	营盘	—	50	√			2182.84
3	廉州湾	城市发展规划区	0			√	
4	南流江	—	42		√		1577.72
5	大风江	—	52	√			317.78
6	三娘湾	城市发展规划区	0			√	
7	茅尾海河口	地势起伏大	0			√	
8	茅尾海	—	55	√			224.73
	合计面积（hm²）			2725.35	3328.18		6053.53

---

　　① 铁山港数据仅为铁山港区区政府所在地数据，特此说明

（1）滩涂农业适宜开发地区

广西未利用滩涂农业适宜开发地区主要分布在北海市营盘（编号6）、大风江（编号3）和茅尾海（编号1、2），总面积约 2725.35hm²，其中营盘 1 块（图3-3），大风江 1 块，茅尾海 2 块。

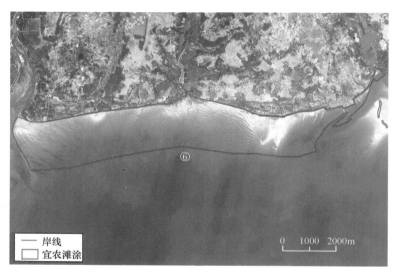

图3-3　营盘农业适宜开发范围

a. 营盘（编号6）

该区域位于营盘码头一带，地势平坦、开阔（图3-4），淡水资源丰富，底质为淤泥质，厚约 30cm，宜农面积达 2182.84hm²。

图3-4　营盘码头一带滩涂调查情况

由于调查时涨潮，滩涂总体发育广阔、平坦

b. 大风江（编号3）

该区域位于官井码头一带，在大风江东侧可见大片滩涂发育，其上生长有大量红树林（图 3-5）。该区域整体地势开阔、平整，位于大风江流域，淡水资源丰富，底质为淤泥质，厚约 25cm，在该点取混合样一个，样品编号 BH-GJMT-01，为灰黑色淤泥质。根据测试结果，其内盐度、pH 适宜，有机质含量较高，宜农面积 317.78hm^2（图 3-6）。

图3-5　官井码头一带滩涂调查情况

滩涂发育广阔，其上红树林发育

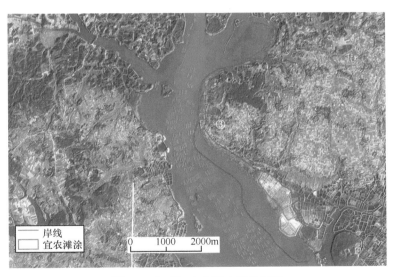

图3-6　大风江农业适宜开发范围

c. 茅尾海（编号 2）

该区域位于辣椒槌村一带，发育有大片滩涂，地势总体开阔、平坦，周边淡水资源丰富，其内生长有红树林（图 3-7），底质为淤泥质，厚约 25cm，在该点取混合样一个,取样编号 QZ-LJZ-01,为灰黑色淤泥质。根据测试结果,其内盐度、pH 适宜,有机质含量较高,宜农面积 48.78hm² (图 3-8)。

图3-7　辣椒槌一带滩涂调查情况

滩涂发育较广阔,其内生长有红树林

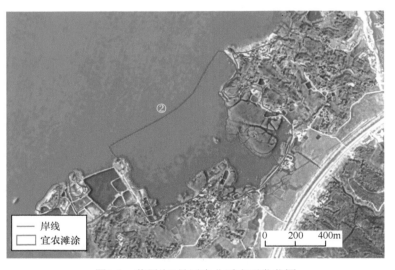

图3-8　茅尾海2号区农业适宜开发范围

d. 茅尾海(编号 1)

该区域位于白鸡村一带,发育有大片裸露滩涂(图 3-9),地势平坦开阔,在该点北面可见人工围垦形成的虾塘,南面出露滩涂,其上生长有红树林及其他植被,底质为淤泥质,厚约 30cm,在该点取混合样一个,取样编号 QZ-BJ-01,为灰黑色砂黏土。根据测试结果,其内盐度、pH 适宜,有机质含量较高,宜农面积 175.95hm²(图 3-10)。

图3-9　白鸡村一带滩涂调查情况

该地发育有大片未开发利用的滩涂

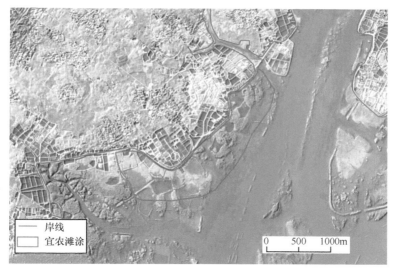

图3-10　茅尾海1号区农业适宜开发范围

（2）滩涂农业适度开发地区

广西未利用滩涂农业适度开发地区主要分布在铁山港（编号7）、南流江（编号4、5），总面积约 3328.18hm²，其中铁山港 1 块（图 3-11），南流江 2 块。

a.铁山港（编号 7）

该区域位于下肖村坡一带，为滩涂裸露位置，整体地势开阔、平坦，底质为淤泥质及砂质（图 3-12），靠近淡水，比较适合开发成农用地，在该地取混合样一个，样品编号为 BH-ST-02，为灰黑色淤泥质、砂质土，经测试其内盐度较高，但有机质含量较多，pH适度，故评价为适度开发区，该区域面积为1750.46hm²。

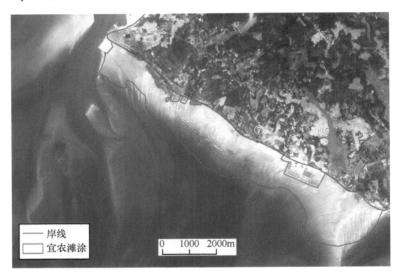

图3-11 铁山港农业适度开发范围

图3-12 下肖村坡一带滩涂调查情况

滩涂发育广阔，底质为淤泥质及砂质

b. 南流江（编号5）

该区域位于南流江入海口一带，滩涂面积巨大，滩涂中主要长有红树林（图3-13），据当地居民反映，近几年红树林逐年扩大，长势越来越好，生态环境改善明显。比较适宜开发成农用地，但需考虑对红树林的适当保护。在该处取混合样1个，样品编号为BH-NLJ-01，样品颜色为灰黑色黏土，经测试其内pH为3，偏酸性。故评价为适度开发区，该区域面积为115.87hm²（图3-14）。

图3-13　南流江入海口滩涂中发育的红树林

岸线

宜农滩涂

0　　　250　　　500m

图3-14　南流江5号区农业适度开发范围图

c. 南流江（编号 4）

该区域位于高沙村一带，出露有大片滩涂，地势平坦、开阔。局部长有盐沼草（图 3-15）。在该地取混合样一个，样品编号 BH-GS-01，为灰黑色淤泥，经测试其内 pH 为 4.5，偏酸性。故评价为适度开发区，该区域面积为 1461.85hm²（图 3-16）。

本研究采用实地调查、实验分析以及数据统计的方法评价研究区滩涂农业开发模式的适宜性，共筛选 8 个评价单元开展分析，其中适宜开发成农业模式的评价单元有 4 个，面积 2725.35hm²，主要分布在北海市营盘、大风江和茅尾海。建议适度开发农业模式的评价单元有 3 个，面积 3328.18hm²，主要分布在铁山港和南流江。

图3-15 高沙村一带滩涂调查情况

发育有平坦、开阔的滩涂，其上有少量盐沼草生长

图3-16 南流江4号区农业适度开发范围图

　　本次评价基于农业开发的需求条件和评价区域的自然环境构建指标体系，初步选划出广西沿海适宜开展农业开发模式的滩涂资源，并划分适宜性等级，一定程度上把握了宜农滩涂资源的分布，为进一步开展滩涂农业开发研究提供基础。建议下一步的研究工作应从以下方面开展：根据沿海市县的农业发展水平、气候条件、经济效益等因素选择适当的种植作物或植被，滩涂围垦方案的设计以及脱盐脱碱、蓄淡滤咸技术的研究，以及滩涂农业种植生产科学化、产业化、循环经济一体化等方面的借鉴和探讨等。

3.2　海岸带承灾体调查

3.2.1　广西海岸带承灾体脆弱性调查的目的和意义

近年来,随着海洋自然灾害发生频次的增加和强度的增大,灾情损失也日趋严重,人们更加关注灾害承灾体对灾情放大的作用。承灾体作为自然灾害系统中重要的一环,与人类系统、社会与经济系统密切相关(谭丽荣等,2011)。对承灾体进行分类可以有效地管理承灾体,降低承灾体的脆弱性,提高灾后恢复重建和防灾减灾工作的效率。灾害的发生是由致灾环境的危险性和承灾体的脆弱性决定的,就区域而言,前者的产生与存在在相当大的程度上是自然的、必然的,有着绝对性的一面(许世远等,2006)。而承灾体则不同,人为因素对其起着相当重要的作用。相同灾种、相同烈度的灾害在不同的承灾体上会造成不同的后果;人类和其居住环境之间的平衡与否以及平衡的程度都可能影响灾情的严重程度,而这种不平衡很大程度上又可以通过人类的管理和规划等活动得以改善(尹占娥和许世远,2012)。因此,研究承灾体脆弱性对区域减灾、减灾投资以及灾害保险等有着极为重要的意义,而评价承灾体的脆弱性从而进一步降低承灾体的脆弱性则成为这一研究的关键。

广西沿海区域位于我国最南端,面向东南亚,背靠大西南,是中国大西南地区的交汇地带和最便捷的出海通道,是环北部湾经济区的前沿地带,地理位置独特,港口资源、海洋生物资源、滨海旅游资源丰富。广西沿海海洋生态环境优良,是全国为数不多的“洁海”,拥有红树林、珊瑚礁和海草床三类最典型的海洋自然生态系统以及中华白海豚、儒艮等濒危国家保护动物。近年来,广西各级政府和有关部门在加快北部湾经济区建设的同时,高度重视海洋环境保护工作,以科学发展观为指导,认真贯彻落实《中华人民共和国海洋环境保护法》等法律、法规的要求,坚持规划用海、集约用海、生态用海、科技用海、依法用海,广西海洋环境总体保持较好状况。

广西海洋环境灾害种类较少,主要有风暴潮、灾害性海浪、异常大潮、海上溢油、海洋赤潮等 5 种类型(王国栋等,2010)。通过对 2008 ~ 2017 年广西海洋环境状况公报进行统计分析,结果发现(表 3-4),对广西沿海造成最大经济损失的灾害种类为风暴潮,近 10 年共发生风暴潮 26 次,造成经济损失达 59.05 亿元。其中,2014 年受 1409 号超强台风“威马逊”外围风力的影响,广西沿海各验潮站出现 84 ~ 286cm 的风暴增长,造成受灾人口 155.43 万人,水产养殖受灾面积 7530hm^2(图 3-17),养殖设施、设备损失 6100 个,损毁船只 216 艘,损坏海堤、护岸 49.03km,直接经济损失达 24.66 亿元。其他 4 种海洋环境灾害虽时有发生,但均未造成严重的经济损失。

表3-4 2008~2017年广西海洋地质灾害信息表

灾害种类		2008年	2009年	2010年	2011年	2012年	2013年	2014年	2015年	2016年	2017年	合计
风暴潮	次数	3	3	3	3	3	4	2	2	2	1	26
	经济损失（亿元）	15.72	0.13	0.35	1.15	5.33	4.89	28.3	0.47	2.69	0.02	59.05
异常大潮	次数	5	8	9	8	6	5	2	1	3	5	52
	经济损失（亿元）	0	0	0	0	0	0	0	0	0	0	0
灾害性海浪（≥6m）	天数	148	23	21	32	33	43	40	37	31	63	471
	经济损失（亿元）	0	0	0	0	0	0	0	0	0	0	0
海上溢油	次数	4	2	0	1	1	0	1	0	0	1	10
	经济损失（亿元）	0	0	0	0	0	0	0	0	0	0	0
海洋赤潮	次数	1	0	0	2	0	0	0	0	1	0	4
	经济损失（亿元）	0	0	0	0	0	0	0	0	0	0	0

图3-17 "威马逊"台风对钦州蚝排破坏情况

3.2.2 广西海岸带承灾体脆弱性调查的主要任务

通过对海岸带进行实地调查，摸清示范区沉排区（蚝苗）、浮排区（中蚝、大蚝）、红树林、虾塘、渔船、堤坝、码头、岸线、房屋结构、人口分布等10余种重点承灾体底数，在此基础上建立避灾区选址标准，建成承灾体、避灾区调查详细本底数据库。

在此基础上，建立基于地理网格化的承灾体脆弱性评价模型（HOP），即对示范区进行空间建模，以此为基础建立脆弱性评价因子体系，并将风暴潮、海浪等灾害转化成水动力进行数值模拟，开发海洋灾害数据网格化预测智能算法，对整个示范区危险性评价、分级，构建面向海洋灾害的承灾体快速监测预警及智能规划避灾区路线。最大限度地降低核心区经济损失，实现对核心区海洋防灾减灾的高效信息化辅助决策支持和管理，对研究成果进行示范应用，使海洋牧场达到提质、增效、止损的目的。

3.2.3　广西海岸带承灾体脆弱性调查的技术方法

1. 示范区承灾体调查

以核心示范区沉排区（蚝苗）、浮排区（中蚝、大蚝）、红树林、虾塘、渔船、堤坝、码头、岸线、房屋结构、人口分布等 10 余种重点承灾体为调查对象（表 3-5），通过资料收集、遥感信息提取和现场调查相结合的形式对承灾体的位置、坐落、特征等一系列基本信息进行统计汇总。通过收集整理得到承灾体名称、类别、规模、投资等基本信息；通过数字高程模型（DEM）、数字线划图（DLG）及土地利用现状图能量取各类承灾体的面积；通过高分辨率数字遥感影像（DOM）能解译出地理信息；通过收集整理得到有文字记录以来发生的海洋灾害的种类、影响时间、影响范围、影响程度及灾情数据，并对避灾区进行同步调查，建立避灾区选取标准。

表3-5　示范区承灾体调查具体指标

序号	承灾体调查对象具体指标		
1. 蚝排区	1.1 蚝排区名称	1.4 养殖种类	1.7 蚝排区定点坐标
	1.2 蚝排区面积	1.5 年产量	1.8 经济产值
	1.3 养殖方式	1.6 地理位置	
2. 红树林	2.1 红树林分布位置拐点坐标	2.2 红树林面积	2.3 单位面积红树林经济效益
3. 虾塘区	3.1 虾塘区名称	3.4 养殖种类	3.7 虾塘定点坐标
	3.2 虾塘面积	3.5 年产量	3.8 经济产值
	3.3 养殖方式	3.6 地理位置	
4. 渔港、避风锚地	4.1 渔港名称	4.8 护岸长度	4.15 可锚泊船只的最大吨位
	4.2 渔港等级	4.9 防波堤长度	4.16 容纳量
	4.3 避风等级	4.10 建成时间	4.17 水深
	4.4 设计容纳量 60hp[①]以上	4.11 地理位置	4.18 水域面积
	4.5 设计容纳量 60hp 以下	4.12 坐标经度	4.19 用途
	4.6 码头个数	4.13 坐标纬度	4.20 地理位置
	4.7 码头长度	4.14 避风锚地名称	4.21 顶点坐标

续表

序号	承灾体调查对象具体指标		
5. 交通设施	5.1 工程名称	5.4 总投资	5.7 地理位置
	5.2 工程类别	5.5 建成时间	
	5.3 建设规模	5.6 高程	
6. 电力设施	6.1 工程名称	6.5 面积	6.9 坐标经度
	6.2 设施类型	6.6 建成时间	6.10 坐标纬度
	6.3 特征指标	6.7 高程	
	6.4 总投资	6.8 地理位置	
7. 钢铁、化工设施	7.1 工程名称	7.5 面积	7.9 坐标经度
	7.2 工程类型	7.6 建成时间	7.10 坐标纬度
	7.3 年生产能力	7.7 高程	
	7.4 总投资	7.8 地理位置	
8. 物资储备基地	8.1 工程名称	8.5 总投资	8.9 地理位置
	8.2 物资类型	8.6 面积	8.10 坐标经度
	8.3 储量	8.7 建成时间	8.11 坐标纬度
	8.4 总容量	8.8 高程	
9. 工业园区	9.1 名称	9.4 工业总产值	9.7 地理位置
	9.2 类型	9.5 面积	9.8 顶点坐标
	9.3 等级	9.6 建成时间	
10. 旅游娱乐区	10.1 名称	10.4 旺季日常游客接待量	10.7 高程
	10.2 娱乐类型	10.5 面积	10.8 地理位置
	10.3 设计日游客接待量	10.6 建成时间	10.9 顶点坐标
11. 自然保护区	11.1 名称	11.3 主要保护对象	11.5 地理位置
	11.2 等级	11.4 面积	11.6 顶点坐标
12. 修、造船厂	12.1 工程名称	12.4 面积	12.7 坐标经度
	12.2 年产值	12.5 建成时间	12.8 坐标纬度
	12.3 总投资	12.6 地理位置	
13. 医院	13.1 名称	13.5 面积	13.9 坐标经度
	13.2 等级	13.6 高程	13.10 坐标纬度
	13.3 现有职工数	13.7 联系电话	
	13.4 核定床位数	13.8 地理位置	

续表

序号	承灾体调查对象具体指标		
14. 学校、幼儿园	14.1 名称 14.2 类别 14.3 在校学生人数 14.4 现有职工数	14.5 面积 14.6 高程 14.7 联系电话 14.8 地理位置	14.9 坐标经度 14.10 坐标纬度
15. 社会经济状况	15.1 县区市名称 15.2 总人口数 15.3 总户数 15.4 地区生产总值	15.5 财政收入 15.6 工业产值 15.7 农业产值 15.8 固定资产投资额	15.9 规模以上工业企业数 15.10 公路里程 15.11 铁路里程
16. 人口集聚区	16.1 村社区名称 16.2 总人口数	16.3 总户数 16.4 所属乡镇	16.5 坐标经度 16.6 坐标纬度
17. 避灾点状况	17.1 名称 17.2 地址 17.3 可容纳人数 17.4 建筑面积 17.5 建筑结构	17.6 照明设施 17.7 卫生设施 17.8 医疗设备 17.9 取暖设备 17.10 避灾物资	17.11 高程 17.12 坐标经度 17.13 坐标纬度

注：①1hp=745.7W

2. 建立基于地理网格化的承灾体脆弱性评价模型

通过对传统 HOP 模型进行两项调整和改进，一是将评估要素调整为重点针对物理脆弱性，采用空间建模手段发展了新的评估方法和评价因子体系，实现了基于地理图层的定量化计算（Li and Li，2011），二是评估单元采用地理网格剖分技术，将计算单元精确到每个地理网格，将使评估精度大大提高。

a. 建立评级指标体系

在空间价值密度计算中，地物要素的选取依据示范区的地理状况及在海洋灾害中的暴露程度。根据示范区地理位置及乡镇现状，选取承灾体要素建立空间价值密度评价指标体系，通过专家打分及归一法确定各因子权重。例如，近海建筑物既是一种地物，也反映了人的分布，在台风风暴潮灾害中，建筑物不一定会被摧毁，但居于建筑物中的人会被疏散撤离，形成经济损失，因此具有较大权重。

b. 建立评价模型

定量计算模型中将示范区域按 10m 网格进行地理剖分，按照剖分网格对示范区域进行划分，分别计算每个网格的价值指数和易损指数，进行求积。

$$V=E\times D$$

式中，V 为脆弱指数，E 为价值指数，D 为易损指数。

3. 技术路线

（1）建立 HOP 模型框架

自然灾害风险与人类社会的减灾措施交互作用，其综合作用就产生了潜在的致灾因子，潜在的致灾因子对区域社会 - 环境耦合系统产生影响（Li，2014），当这种潜在的致灾因子作用于地理层面时，就表现为物理脆弱性（模型用灾害暴露水平进行测量），当潜在的致灾因子作用于社会层面时，就表现为社会脆弱性，物理脆弱性与社会脆弱性的交互作用最终表现为区域脆弱性（Yu et al.，2012），对区域脆弱性的分析结果可以进行反馈并指导具体的风险管理与减灾政策（图3-18）。

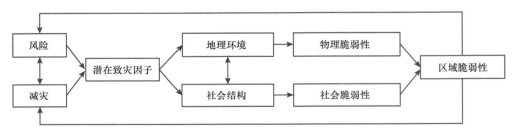

图3-18　HOP模型框架

（2）核心区灾害评估方法

对示范区进行空间建模，以此为基础建立脆弱性评价因子体系，将风暴潮、海浪等灾害转化成水动力进行数值模拟，开发海洋灾害数据网格化预测智能算法，对整个示范区危险性评价、分级，构建面向海洋灾害的承灾体快速监测预警及智能规划避灾区路线。

第 4 章　中国及东盟陆域矿产资源分布及合作概况

4.1　中国、东盟矿产资源概况

4.1.1　全国及广西矿产资源概况

1. 全国矿产资源概况

截至 2015 年，我国已发现 171 种矿产资源，查明资源储量的有 159 种，包括石油、天然气、煤、铀、地热等能源矿产 10 种，铁、锰、铜、铝、铅、锌、金等金属矿产 54 种，石墨、磷、硫、钾盐等非金属矿产 92 种，地下水、矿泉水等水气矿产 3 种。

1）总量丰富，矿种齐全，人均不足。已探明的矿产资源总量约占世界总量的 12%，仅次于美国和俄罗斯，居世界第 3 位。在 45 种主要矿产中，有 24 种矿产名列世界前三位，其中钨、锡、稀土等 12 种矿产居世界第 1 位；煤、钒、钼、锂等 7 种矿产居第 2 位；汞、硫、磷等 5 种矿产居第 3 位。中国矿产资源人均探明储量占世界平均水平的 58%，位居世界第 53 位。石油、天然气人均探明储量分别仅相当于世界平均水平的 7.7% 和 8.3%，铝土矿、铜矿、铁矿分别相当于世界平均水平的 14.2%、28.4% 和 70.4%；镍矿、金矿分别相当于世界平均水平的 7.9%、20.7%；煤炭人均占有量仅为世界平均水平的 70.9%，铬、钾盐等矿产储量更是严重不足。

2）贫矿多、富矿少，大宗、战略性矿产严重不足。在能源矿产中，煤炭资源比重大，油气资源比重小。中国钨、锡、稀土、钼、锑等用量不大的矿产储量位居世界前列，而需求量大的富铁矿、钾盐、铜、铝等矿产储量不足。大矿、富矿、露采矿很少，小矿、贫矿、坑采矿比较多，开采难度大、成本高。铁矿平均品位仅为 33%，富铁矿石储量仅占全国铁矿石储量的 2%。中国铜矿平均品位为 0.87%，不及世界主要生产国矿石品位的 1/3，大型铜矿床仅占 2.7%；铝土矿储量中，98.4% 为难选冶的一水型铝土矿。

3）单一矿种矿少，共生伴生矿多。中国 80 多种矿产是以共生、伴生的形式赋存的。钒、钛、稀土等大部分矿产伴生在其他矿产中，1/3 的铁矿和 1/4 的铜矿是多组分矿。

4）区域分布广泛，相对集中。能源矿产主要分布在北方，煤炭 90% 集中分布在山西、陕西、内蒙古、新疆等地，总体上北富南贫、西多东少。铁矿主要分布在辽宁、四川和河北等，铜主要集中在江西、西藏、云南、甘肃和安徽等地。产业布局与能源及其他重要矿产在空间上不匹配，加大了资源开发利用的难度。

2. 广西矿产资源概况

广西矿产资源种类较齐全，已发现矿产145种（含亚矿种），已查明资源储量的矿产有97种。在45种主要矿产中，广西有30种。

1）资源储量大、集中度高。经查明，有色金属（铝、锌、锡、锑、铅、钨）、黑色金属（锰、钛）、饰面石材和其他非金属（膨润土、高岭土、重晶石、滑石、水泥用灰岩等）资源储量较大，为广西优势矿产。其中，锰矿、膨润土、高岭土和磷钇矿（重稀土）资源储量居全国第1位；锑矿和镓矿居第2位；铝土矿、锡矿、独居石（轻稀土）、重晶石、饰面用花岗岩居第3位；锌矿居第4位。一些优势矿产分布相对集中：铝土矿、锰矿主要分布于百色和崇左地区；锡多金属分布在河池、梧州和来宾地区；稀土分布在桂东北、桂东南和桂西南地区；高岭土分布在北海地区；膨润土分布在崇左地区；水泥用灰岩分布在百色、桂林、贵港、崇左和柳州地区。

2）铁、煤、磷等大宗矿产短缺。已查明，广西铁、煤、石油、铜、磷等国民经济支柱性大宗矿产资源储量少，且多为贫矿。铁矿保有资源储量少，以褐铁矿、赤铁矿贫矿为主，只能与区外的富铁矿搭配使用；煤矿大部分为低热量的褐煤和高灰、高硫、低发热量的烟煤，且产出厚度薄、规模小、分布散，需控制使用；陆上石油仅有百色盆地油田；铜矿、磷矿保有资源储量少，矿床规模小，品位低，难利用。

3）共伴生矿多、难选冶矿多，小矿多，大矿少。广西矿床规模有少量特大型和大型矿床，但以中小型为主，广西保有资源储量的能源及固体矿产地共2293处（含共伴生矿产），其中大型139处，占6.06%，中型303处，占13.21%，小型1851处，占80.73%。同时，共伴生矿、难选冶矿（如高硫高砷金矿、碳酸锰矿、松软锰矿、宁乡式铁矿、胶磷矿等）、综合矿较多，利用难度较大。

4.1.2 东盟矿产资源概况

东南亚国家联盟（简称东盟）成立于1967年，由中南半岛和马来群岛组成，是亚太地区重要的地区组织。其成员国有印度尼西亚、马来西亚、菲律宾、新加坡、泰国、文莱、越南、老挝、缅甸、柬埔寨10国，陆地总面积450万km^2，总人口约5.8亿人。由于新加坡国内矿产资源不丰富，因此本课题的研究对象只针对其余9国。

1. 印度尼西亚

印度尼西亚矿产资源丰富，包括石油、天然气、煤、铜、黄金、镍、锡、铝矾土以及银。其中铜和镍的产量位列世界前5位；锡产量排在中国之后，位列世界第

2 位；黄金和天然气产量位列世界前 10 位。印度尼西亚的液化天然气（LNG）出口居世界前列。

2. 马来西亚

马来西亚矿产资源比较丰富，其矿业在马来西亚国民经济中占有重要地位，沿海蕴藏着丰富的石油和天然气，石油油质好，主要出口日本。锡矿储量居世界前 10 位，在世界上具有"锡国"的美称。

3. 文莱

文莱矿产资源主要是石油和天然气，以"东方石油小王国"著称，文莱靠石油、天然气大量出口成为巨富国家。文莱是东南亚地区第五大产油国，仅次于印度尼西亚、马来西亚、越南和泰国。其生产石油的 95% 以上、天然气的 85% 以上用于出口，二者生产总值约占国内生产总值的 40%。

4. 菲律宾

菲律宾位于环太平洋火山带，是世界上矿产储备最丰富的国家之一，也是世界上重要的铜、金、铬、镍、钴生产国和出口国。根据菲律宾矿业和地质局的数据，该国的矿产储备位列全球第 5 位。其中，黄金储量全球第 3 位，铜储量全球第 4 位，镍储量全球第 5 位，铬铁矿全球第 6 位，此外铁、煤、油气、硅砂等矿产资源也很丰富。目前菲律宾只是选择性地开采了金属矿中的金、铬、镍、铜矿和非金属矿中的磷酸盐矿、海鸟粪、黏土、白云石、长石、石灰石、大理石、珍珠岩、硅石、石料、砂、盐、闪长岩、蛇纹岩等，其他多种矿产资源仍处于未开发状态，具有较高的发展潜力。

5. 越南

越南拥有多种矿产资源，已发现约 5000 个矿床、70 种矿产。已探明的石油、天然气储量达 12.5 亿 t，居世界第 25 位，居东南亚国家第 3 位；越南的煤炭储量丰富且质量好，是世界重要的煤炭生产国；其次，磷灰石、铝土矿、铁、钛、锡、锰、铬、稀土、宝石等矿产储量较大且有一定的开采价值。

6. 柬埔寨

柬埔寨矿产资源的产出主要在东北部与西南部地区，铁、磷、金、宝石、硅砂、黏土、石灰岩、煤具有一定规模，而难见具有工业意义的铜、铅、锌、钨等矿化点。长期以来由于政治和历史原因，矿产勘查与开发程度比较低。近年来国家对矿产资源给予极大重视，对具有经济价值的已知矿产地进行了详细工作与评估，并制定了相关政策，吸引境外资金投入，共同勘查与开发某些矿产资源，并取得一定成效。

7. 泰国

泰国矿产资源丰富，主要有 40 余种矿产。泰国是世界上锡、锑资源最为丰富的国家之一，其次石油、天然气、煤、钨、铌、钽、铁、金、岩盐、钾盐、萤石、重晶石等矿产资源也十分丰富。

8. 老挝

老挝矿产资源较丰富，主要有岩盐、钾盐、石膏、宝玉石、煤、石油及金、锡、钨、铅、锌等。但开发程度低，矿业基础薄弱，矿业产值在国民经济中占有比例较低，出口矿产品以锡、石膏等为主。

9. 缅甸

缅甸总的地质研究程度极低，现有资料多属早期调查成果。但根据现有资料可知，缅甸以盛产宝石、翡翠闻名于世，石油、天然气资源也较丰富，铅、铜、锡、钨已有悠久开采历史。缅甸油气资源丰富，初步查明石油 2 万亿桶、天然气 14 万亿 m^3。缅甸生产的大多数矿产品供国内消费。缅甸包德温锌矿、望濑铜矿及毛淡棉 - 土瓦锡钨矿均属大型有色金属矿床。翡翠、宝石、金刚石和其他宝石产品主要供出口。

东盟矿产资源丰富，东盟各国优势矿产如表 4-1 所示。东盟国家的石油、天然气、铜、镍、铝、铁、钾盐、煤等矿产资源，与我国的矿产资源有较强的互补性。

表4-1　东盟各国优势矿产简表

国别	优势矿产		
	能源矿产	金属矿产	非金属矿产
印度尼西亚	石油、天然气、煤	铜、黄金、镍、锡、银	铝矾土
马来西亚	石油、天然气	锡	
文莱	石油、天然气	—	—
菲律宾	煤、油气	铜、金、铬、镍、钴、铁	硅砂
越南	石油、天然气、煤	铝土矿、铁、钛、锡、锰、铬、稀土	磷灰石、宝石
柬埔寨	煤	铁、金	磷、宝石、硅砂、黏土、石灰岩
泰国	石油、天然气、煤	锡、锑、钨、铌、钽、铁、金	岩盐、钾盐、萤石、重晶石
老挝	煤、石油	金、锡、钨、铅、锌	岩盐、钾盐、石膏、宝玉石
缅甸	石油、天然气	铅、铜、锡、钨	宝石、翡翠

4.2　中国-东盟矿业合作论坛成果

4.2.1　论坛规模大规格高

前后 9 届矿业合作论坛，中国、东盟各国、其他国家和地区的矿业部门、矿业企业、矿业协会、商协会、金融机构、矿业研究机构和服务供应商等代表 4994 人（外方代表 873 人）参与论坛及其相关活动，2300 余家国内外企业参展参会，累计展出面积 8.39 万 m²。

自 2010 年开始，论坛规模不断扩大，与会嘉宾及代表人数规模从 600 人（外方代表 150 人）猛增至 2013 年的 1222 人（外方代表 155 人）；2014 年开始，按照中央八项规定的要求，本着务实、节俭、高效办会的原则，矿业合作论坛参会人数规模上有所压缩，其中 2014 年参会人数 507 人（外方代表 106 人）、2015 年参会人数 407 人（外方代表 46 人）（图 4-1）。

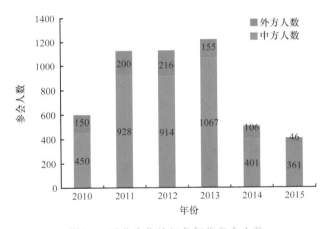

图4-1　矿业合作论坛各年份参会人数

尽管在参会代表人数规模上中方和外方均有所压缩，但与会官员规格级别却有所增强。其中 2014 年东盟及其他国家与会代表中司局级以上官员 15 人（正部级 1 人、副部级 3 人），2015 年东盟及其他国家与会代表中司局级以上官员 14 人（副部级 4 人），外方司局级以上官员参会代表人数及级别均超过以往各届。历届矿业合作论坛的相关活动均有国土资源部、国际贸易促进委员会、广西壮族自治区党委、广西壮族自治区人民政府及国内大型企业等的领导出席。中国 - 东盟矿业合作论坛已成为中国与东盟国家级别最高、规模最大的矿业盛会。

4.2.2　签约项目增多

第九届论坛累计洽谈项目 1182 个（其中国内项目 881 个、国外项目 301 个）、签约项目 89 个（其中国内项目 46 个、国外项目 43 个），签约总额 476 亿元。在 2013 年矿业合作论坛上举办的珠宝玉石展、2014 年矿业合作论坛上举办的矿物珠宝展，分别在为期 4 天和 5 天的展览中，现场销售成交额 0.12 亿元、1.3 亿元，取得了不菲的交易成果。众多的签约项目、巨大的交易金额使得中国 - 东盟矿业合作论坛已成为中国 - 东盟自贸区在矿业领域的重要窗口与平台。通过这些项目的签订，中国、东盟矿业企业在矿产资源共享、技术进步、资源综合利用、投资融资等领域展开了务实合作，切实提高了中国 - 东盟矿业整体发展水平。

4.2.3　内容形式多样

第六届论坛共安排了高峰论坛、地质找矿、地学科技研究、矿业投融资、矿产品贸易、矿业政策论坛、找矿进展、矿业开发与环境保护论坛、矿业投融资论坛、机械行业合作论坛、矿业展览会、勘查技术论坛、采选技术论坛、矿业投融资论坛、珠宝玉石论坛、铁矿论坛、绿色矿山建设论坛、矿产资源综合利用论坛、亚洲国家地质矿产概况与可持续发展论坛、中国 - 东盟地理信息论坛、中国 - 东盟矿业形势发展国家论坛、中国 - 东盟地学研究合作论坛、矿业投资保护论坛以及矿山考察、巡馆、珠宝展等多项探讨主题与活动，丰富的论坛内容为今后推动中国和东盟双方进一步务实合作发挥了重要的作用。

除了多边和双边会见会谈，论坛期间还举行了矿业高官会议、联络官会议，增进了中国、东盟以及其他国家彼此间的互信与了解，为今后合作打下良好的基础。

中国、东盟国家矿业部门和矿业企业之间通过开展一对一对话与交流会、闭门会议、东盟国家矿业部门高官与中国企业家专场见面会、中国国际矿业进口投资洽谈会、矿业项目拍卖会路演和茶话会等进行了洽谈和磋商，进一步加深了矿业部门与企业间的相互了解，有力地促进了双方矿业投资合作意向。

此外，近两届论坛还特别推出了中国冶金地质总局专场推介会、缅甸国家专场推介会、加拿大能源矿业专场等矿业专场会活动，丰富论坛内容的同时也有力地宣传了相应国家的矿业政策、资源概况等，为招商引资、矿业投资活动做好了铺垫。

4.2.4　双边关系趋稳

在六届矿业合作论坛的发展过程中，除形成《中国 - 东盟矿业合作论坛南宁宣言》《中国 - 东盟矿业高官会议纪要》《中国 - 东盟矿业合作论坛秘书处联络官会议纪要》

《矿业领域战略合作框架协议》等中国、东盟矿业管理部门合作协议的重要成果外，近年来还签署了广西壮族自治区人民政府与柬埔寨工业矿产能源部矿业合作备忘录、广西矿业协会与东盟矿业协会联合会合作备忘录等部省矿业合作协议、协会间矿业合作协议，双方合作逐步深入、细化，这些框架协议有力地巩固了中国与东盟的矿业合作关系，保持了双方良好的合作发展势头，搭建了双方互利共赢的交流合作平台。

4.2.5　政治互信增强

依托中国-东盟矿业合作论坛平台，中国与东盟国家的矿业合作逐渐深入，从矿业项目合作到矿业人才培养、矿业实验室建设，双方矿业务实合作的领域不断拓展，政治互信逐步增强。

从在第四届矿业合作论坛上举行了揭牌仪式至今，中国-东盟矿业人才交流培训中心已连续举办 7 期培训班，共为东盟国家培养专业矿业人才 54 名。此外，第六届矿业合作论坛上的"岩溶景观、地质公园、自然遗产地、环境地质编图与数据挖掘"国际培训班和"东盟国家低品位铝土矿综合利用技术培训班"吸引了来自柬埔寨、泰国、马来西亚、老挝、菲律宾、印度尼西亚、美国、西班牙等国的 160 余名学员参加培训。

在第六届矿业合作论坛上，中国与柬埔寨双方进一步落实了中华人民共和国国土资源部、广西壮族自治区人民政府与柬埔寨工业矿产能源部签署的合作备忘录中关于中国援建柬埔寨国家地质实验室的事项，双方签订柬埔寨国家地质实验室建设合作协议，实验室由广西壮族自治区人民政府拨款 995 万元、由自治区地质矿产开发局与柬埔寨矿产资源总局承建，该协议的签订标志着中柬矿业合作进入了实质性阶段。中柬双方间的政治互信也因此项务实合作而得到增强。

第5章 广西海域典型陆海综合体监管

5.1 海籍调查典型案例

5.1.1 案例调查内容

1）对主要海域海籍和工程建设项目用海实施与利用变化情况进行梳理，掌握海域海籍利用现状，督促地方政府和有关建设单位合理使用建设用海，促进海域资源集约节约利用。

2）内业核查项目用海海域使用权证书材料，协助完成档案整理和移交工作，整理整合海域海籍批复信息。

3）跟踪监测调查项目施工建设情况，全面摸清海域海籍使用现状；根据海域管理需求对用海项目建设实施情况进行实地复核、调查、测量等。

4）建立海域海籍使用权属监管数据台账，提交标准性监管数据更新海域管理数据库。

5）实行定期统计报告制度，定期提交海域海籍使用权属现状统计分析报告。

6）完成海域海籍使用权属实施监管工作总结报告。

7）研究提出切实有效的海域使用权实施监管工作管理对策与建议。

5.1.2 案例调查方法

1. 准备工作

（1）人员培训

海域海籍调查工作政策性强、技术性强、专业面广，因此在工作开始之前，对所有参与调查工作的技术人员进行了业务培训，使其掌握海域海籍调查的技术要求和技术规程，明确工作任务，增强工作责任，提高调查人员素质，确保成果质量。

（2）室内资料整理收集及核查目录建立

1）国家海域动态监视监测管理系统中的确权用海数据，包括海域使用权属信息、海域使用登记表及相关扫描件（含宗海界址图、宗海位置图、海域使用权证书扫描件等）。

2）海洋管理部门掌握（有登记、有记载或有批复文件）的实际发生但未录入国家海域动态监视监测管理系统的历史用海资料。

3）近期遥感影像资料：包括从广西壮族自治区国土资源厅申请的 2014 年度变更影像和从广西壮族自治区测绘地理信息局获取的高分辨率（0.2m）航拍图。

4）测量控制点资料：从广西壮族自治区测绘地理信息局档案馆购买的北部湾（广西）经济区高精度多功能 GPS 网 D 级加密网控制点。

5）基础地理信息数据。

6）其他相关资料，如用海项目的平面布置图、构筑物的纵剖面图等。

7）向相关渔业、旅游、规划部门收集获取相关资料，包括交通航管、环保、防灾减灾、渔业、旅游娱乐、科研等行业领域的非营业性公共设施用海。

资料收集情况见表 5-1。

表5-1　资料收集情况表

序号	资料名称	资料来源
1	确权用海项目资料（权属、界址等资料）、相关海域规划资料、海岸线等	国家海域动态监视监测管理系统
2	高分辨率航拍影像（0.2m）	广西壮族自治区测绘地理信息局
3	年度变更影像（5m 分辨率）	广西壮族自治区国土资源厅
4	红树林专项数据	广西壮族自治区海洋局已结题项目成果
5	滩涂专项数据	广西壮族自治区海洋局已结题项目成果
6	沿海第二次土地调查成果	广西壮族自治区国土资源厅

（3）海域数据矢量化

基于获取的高分辨率（0.2m）航拍影像图，叠加确权用海数据及其他相关海域资源数据，对海域现状进行矢量化，并预判矢量化图斑地类进而填上地类编码。矢量化比例尺为 1 ： 5000，重点海域为 1 ： 2000。

（4）工作底图准备

以近期高精度正射影像图作为调查基础底图，叠加调查基础资料，矢量化其他利用图斑的界线、范围等信息，形成调查工作底图。

（5）表册准备

表册主要包括外业调查表及编码分类表。

1）海域使用权属数据调查表。

2）公共用海数据调查表。

3）其他利用现状分类调查表。

4）用海方式名称和编码表。

5）公共用海分类名称和编码。

6）其他利用现状分类表。

（6）仪器设备准备

仪器设备主要分为外业测量设备和内业处理设备。外业测量设备主要有 GPS、全站仪和数码相机、摄像机，内业处理设备主要有电脑（或图形工作站）、绘图仪和扫描仪，主要设备要求如下。

1）GPS，可连接连续运行卫星定位参考系统（CORS）或架设实时动态测量（RTK），精度达到厘米级，可以测量所有用海方式的用海项目。

2）全站仪，精度不低于 ±（2mm+2ppm[①]），根据现场核查的需要选用。

3）监测车船，主要用于现场核查。

4）电脑（或图形工作站），要求高性能的处理器和显卡。

5）绘图仪和扫描仪，可打印 A0 或以下幅面。

6）数码相机、摄像机，要求有良好的野外拍摄性能。

2. 外业调查及测量

（1）确权用海项目权属调查

确权用海项目权属数据调查包括权属调查和海籍测量，以及后期对各类用海方式数据进行统计。

a. 权属调查

权属信息调查时，海域使用权人出示合法的权属来源证明文件，调查人员依据该文件记载的位置、界址、权属性质、用海方式等信息，进行权属调查。当相邻宗海使用权人均不能出示权源文件，但双方边界没有争议，由双方共同到实地指界。

宗海的申请人和相邻宗海业主就相关的界址点、线在现场共同完成指界核实。核查结束后，将核查结果记录在"海域使用权属数据调查表"，并依据海域使用权证书的信息及收集到的相关信息，对每个用海项目的基本信息进行核查，如使用权人、联系人、联系方式、使用期限、海域使用金征收情况等基本信息，如有变更现场进行登记记录。

b. 海籍现场测量

根据实际情况对宗海的界址坐标进行实地测量核查，测绘项目实际用海范围，并与批复范围比对。

1）界址点测量：一般采用 GPS 定位法、解析交会法和极坐标定位法进行施测，根据实测数据，采用解析法解算出实测标志点或界址点的点位坐标，其测量误差不

---

① 1ppm=10^{-6}

超过 ± 测量误差。

界址未发生变化的不再重复指界，但对宗海的界址坐标进行实地放样测量核查。

根据内业梳理出的问题项目清单（清单附表），实地调查及测量。实地调查及测量时，由本宗海及相邻宗海使用者到现场共同指界。法人代表不能亲自出席指界的，由委托代理人指界并出示身份证明。

位于人工海岸、构筑物及其他固定标志物上的宗海界址点或标志点，其测量精度为 ± 定标志物。

2）项目用海范围测量：测绘实际用海范围与批复范围比对，及时发现超填、用海位置偏移等情况。

（2）公共用海调查

公共用海调查，以事实用海为依据，根据《海籍调查规范》及《海域使用分类》有关规定界定公共用海界址。

按下列步骤进行调查，收集资料（理清数据来源）、部门调查、现场调查、数据整理、数据检查，并依据有关数据库标准将矢量化的公共用海界线和有关属性作为数据库的一个数据层入库，并填写"公共用海数据调查表"。

（3）其他利用调查

其他利用调查采用调绘法，调绘时采用综合调绘法和全野外调绘法结合进行。

a. 综合调绘法

综合调绘法是内外业相结合的调绘方法。具体做法是：当影像比较清晰时，直接对影像进行内业解译。内业认定、直接标绘上图的界线及地类，需经外业核实确认。内业不能够确定的界线及地类，需经外业实地调绘上图。对新增地物应进行补测。最后将地物属性标注在调查底图或记录在"其他利用现状分类调查表"上，形成原始调查图件和资料。

b. 全野外调绘法

全野外调绘法是利用调查底图直接进行外业调查的调绘方法。调查人员携带调查底图到实地，将影像所反映的地类信息与实地状况一一对照、识别，将地类和界线调绘在调查底图上，并将地物属性标注在调查底图或记录在"其他利用现状分类调查表"上。

具体调查时，各调查区域根据影像分辨率、调绘人员经验、已有调查资料状况等综合选用了上述调绘方法。

（4）海籍调查数据库建设

以本次调查形成的公共用海、确权项目、其他利用分类和正射影像等数据为基础，根据《海域海籍基础调查技术规程》的要求，利用计算机、地理信息、数据库和网络等技术，建设集影像、图形、地类、面积和权属于一体的海籍调查数据库，并建设海域海籍数据库管理系统，满足海洋管理及政府宏观决策对基础数据的需求。

数据库建设主要工作包括：数据库建设方案设计、建库资料准备、图件扫描和几何校正、图形和属性数据采集、分幅数据接边、拓扑关系构建及数据检查与入库。

海域海籍调查数据库的主要内容包括：基础地理信息、公共用海数据、海洋已确权属数据、其他利用数据等矢量数据，DOM 数据、扫描影像图数据等栅格数据，以及专项用地统计调查数据，并包括专题图数据和元数据。

（5）成果汇总

经过数据入库后的质量检查后，数据库的各项指标满足规范要求，利用建库软件提供的统计分析和图形输出功能制作了图件成果及表格成果，并根据建库的实际编写了文字报告。

a. 图件成果编制

编制的图件包括县级标准分幅海域海籍利用现状图、县级标准分幅宗海项目分布图、县级图幅接合图表。编制的图件图内外要素齐全，比例尺恰当，图内外要素的颜色、图案、线型等表示符合《海域海籍基础调查技术规程》要求，图幅整饰完整、规范，图面清晰易读。

b. 表格成果编制

表格成果明细见表 5-2。

表5-2　表格成果明细表

序号	表名
1	××县（区）海域使用权属原始信息汇总表（确权）
2	××县（区）海域使用权属原始信息汇总表（未确权）
3	××县（区）公共用海信息汇总表
4	海域使用权属数据一级分类面积汇总表
5	海域使用权属数据二级分类面积汇总表
6	公共用海一级分类面积汇总表
7	公共用海二级分类面积汇总表
8	其他利用现状一级分类面积汇总表
9	其他利用现状二级分类面积汇总表
10	海域使用权属项目内其他利用现状一级分类面积汇总表
11	海域使用权属项目内其他利用现状二级分类面积汇总表
12	海岸线分类长度汇总表

编制表格时以县（区）级海域海籍基础调查数据库为基础，按照《海域海籍基础调查技术规程》规定的具体内容和格式，由数据库软件自动汇总出区域内的各类

土地利用数据及基本农田数据等数据并生成表格。编制的表格格式符合要求，数据正确，表内、表间数据逻辑关系正确。

　　c. 文字报告的编写

　　根据数据库建设的实际和相关规程编写了海籍调查的工作报告、技术报告、数据库建库报告和自检报告。

　　（6）检查验收

　　按照《海域海籍基础调查技术规程》的要求，建立了分阶段成果检查验收制度，对海域海籍调查的外业调查、海洋权属调查、数据库建设及最终成果等各阶段进行全面的自检，检查合格后再开展下一阶段工作。

　　县级调查成果实行自检、复查、预检和验收的检查验收制度，检查工作由研究院进行，预检委托广西测绘产品质量监督检验站承担。验收由广西壮族自治区海洋局组织实施。外业调查成果预检在全面完成海域海籍调查外业工作，取得矢量化的外业调查成果图后进行；数据库成果及总成果检查在外业调查成果预检合格后进行。

5.1.3　案例调查成果

　　海籍核查类型主要有使用权人变更、联系人 / 代理人变更、用海方式发生改变、海域使用权证书不一致、尚未开工及填海未完成、无法联系权属单位等 6 种典型情况。

1. 海域使用权人变更

　　广西投资集团铁山港石头埠 ×××× 项目，宗海面积分别为 5.047hm^2 及 40.2439hm^2，用海性质都属于经营性用海，用海期限均是 2012 年 2 月 15 日至 2062 年 2 月 14 日。该海域使用权原单位是广西 ×××× 有限公司，变更为神华 ×××× 限责任公司，目前正在办理海域使用权人变更手续。

2. 联系人 / 代理人变更

　　北海铁山港 ×××× 工程项目，海域使用权人是广西北部湾国际港务集团有限公司，海域使用权证书编号为 ×××××，宗海面积为 28.7996hm^2，用海性质属于经营性用海，用海期限自 2013 年 2 月 5 日至 2063 年 2 月 4 日。该项目原联系 / 代理人为赵 ××，变更为邓 ××。

3. 用海方式发生改变

　　北海 ×××× 工程项目，海域使用权人是广西 ××× 有限公司，海域使用权证书编号分别为 ×××× 及 ××××，宗海面积分别为 6.7448hm^2 及 12.8144hm^2，用海性质均属于经营性用海，用海期限分别是 2013 年 8 月 9 日至 2063 年 8 月 8 日及 2013 年 8 月 9 日至 2063 年 8 月 8 日。该项目用海方式发生改变且已批复。

4. 海域使用权证书不一致

北海××××工程项目，海域使用权人是广西×××集团有限公司，海域使用权证书编号分别为××××及××××，宗海面积分别为 48.5579hm^2 及 45.1127hm^2，用海性质均属于经营性用海，用海期限均是 2016 年 7 月 4 日至 2066 年 7 月 3 日。该项目海域使用权证书为不动产权证书。

5. 尚未开工及填海未完成

北海××××项目，海域使用权人是北海市××××有限公司，海域使用权证书编号为×××，宗海面积为 43.2371hm^2，用海性质属于经营性用海，用海期限是 2015 年 10 月 13 日至 2065 年 10 月 12 日。该项目目前填海施工中尚未完成。

6. 无法联系权属单位

合浦××××项目，海域使用权人是南宁铁路局，海域使用权证书编号分别为××××、××××，宗海面积分别为 5.6266hm^2 和 16.4271hm^2，用海性质均属于经营性用海，用海期限是 2016 年 4 月 19 日至 2066 年 4 月 18 日。该项目无法联系权属单位，无法调查拍照。

5.2 海域使用批后监管典型案例

5.2.1 案例调查内容

1）对主要海岛和工程建设项目用海批后实施与利用变化情况进行梳理，掌握海域海岛批后利用现状，督促地方政府和有关建设单位合理使用建设用海，促进海域资源集约节约利用。

2）内业核查项目用海、用岛审批材料，协助完成档案整理和移交工作，整理整合海域海岛批复信息。

3）跟踪监测调查项目施工建设情况，全面摸清海域海岛审批现状；根据海域管理需求对用海用岛项目建设实施情况进行实地复核、调查、测量等。

4）建立海域海岛批后跟踪监管数据台账，提交标准性监管数据更新海域管理数据库。

5）研究提出切实有效的批后实施监管工作管理对策与建议。

5.2.2　案例调查方法

海域海岛使用权批后实施监管工作基本流程如图 5-1 所示。

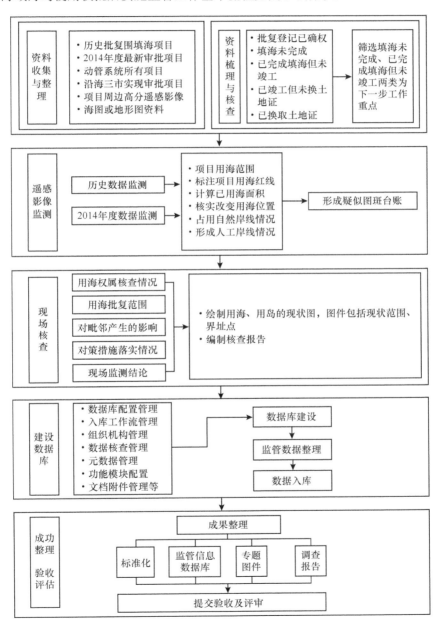

图5-1　海域海岛使用权批后实施监管工作基本流程

5.2.3 案例调查成果

1.广西批复及竣工用海项目总体情况

（1）批复用海情况

截至 2014 年 12 月底，广西共有用海项目 263 个，海域使用权证书 344 本，批复用海面积 8566.5481hm²，批复填海面积 6448.13hm²（表 5-3）。其中北海市有用海项目 47 个，海域使用权证 65 本，批复用海总面积 1501.14hm²，批复填海面积 978.27hm²；钦州市有用海项目 126 个，海域使用权证 159 本，批复用海总面积 3133.30hm²，批复填海面积 2845.17hm²；防城港市有用海项目 90 个，海域使用权证 120 本，批复用海总面积 3932.10hm²，批复填海面积 2624.69hm²。

表5-3　广西批复用海项目总体情况

地市	项目数	海域使用权证数	批复总面积（hm²）	批复填海面积（hm²）
北海市	47	65	1501.1394	978.2715
钦州市	126	159	3133.3049	2845.167
防城港市	90	120	3932.1038	2624.6914
广西全区	263	344	8566.5481	6448.1299

（2）竣工验收填海情况

截至 2014 年 12 月底，广西工程用海项目竣工验收 100 个，批复填海面积 3016.48hm²，验收填海面积 2917.67hm²。其中北海市竣工验收 15 个，批复填海面积 511.68hm²，验收填海面积 511.66hm²；钦州市竣工验收 54 个，批复填海面积 1680.56hm²，验收填海面积 1602.64hm²；防城港市竣工验收 31 个，批复填海面积 824.24hm²，验收填海面积 803.37hm²。

2.广西填海造地项目批后实施情况

通过对广西 2008～2014 年批复的 238 个填海造地项目按已取得土地使用证、已竣工验收但未换取土地使用证、已经完成填海但未竣工验收、填海未完成和未填海等 5 种状态进行统计分析，基本掌握了广西 2008 年以来 238 个填海造地项目实施的最新情况。从图 5-2、图 5-3 中可以看出广西 2008～2014 年填海需求呈波浪式增长，表现在 2008～2011 年呈逐年增长趋势后回落，2012～2014 年又呈逐年增长趋势。

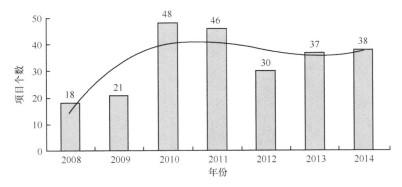

图5-2　广西2008～2014年填海造地项目数量变化情况

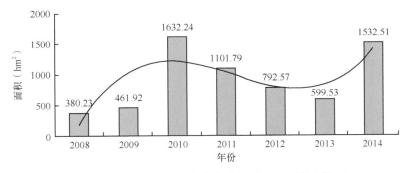

图5-3　广西2008～2014年填海造地项目面积变化情况

至 2014 年 12 月，2008 ～ 2014 年批复的 238 个填海造地项目中，竣工验收项目数 73 个，其中换取土地证的 17 个；填海已完成但未竣工项目数 42 个；填海未完成项目数 119 个；未填海项目 4 个，其中三年以上未进行填海的项目 3 个。总体来看，填海完成的项目数约占 48%，基本达到一半，填海未完成项目占 50%；未填海项目约占 2%，仅有极少数项目未进行填海作业。

（1）2008 年填海造地项目情况

2008 年广西共批复填海造地项目 18 个，共批复填海面积 380.23hm²。其中北海市批复填海造地项目 3 个，批复面积 91.65hm²；钦州市批复填海造地项目 13 个，批复面积 281.01hm²；防城港市批复填海造地项目 2 个，批复面积 7.57hm²（图 5-4）。

至 2014 年 12 月，2008 年批复的 18 个项目中，已竣工验收项目 10 个，验收面积 210.73hm²；填海已完成但未竣工验收的项目有 4 个；填海未完成的项目有 3 个；未填海项目有 1 个。

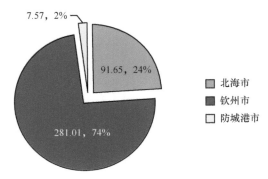

图5-4 沿海三市2008年批复填海造地项目面积饼状图（单位：hm²）

（2）2009年填海造地项目情况

2009年广西共批复填海造地项目21个，共批复填海面积461.92hm²。其中北海市批复填海造地项目2个，批复面积4.86hm²；钦州市批复填海造地项目17个，批复面积451.74hm²；防城港市批复填海造地项目2个，批复面积5.32hm²（图5-5）。

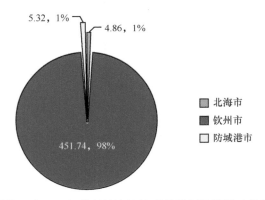

图5-5 沿海三市2009年批复填海造地项目面积饼状图（单位：hm²）

至2014年12月，2009年批复的21个项目中，已竣工验收项目14个，其中换发土地证的有2个；填海完成但未竣工验收项目0个；填海未完成的项目有7个；未填海项目0个。

（3）2010年填海造地项目情况

2010年广西共批复填海造地项目48个，共批复填海面积1632.24hm²。其中北海市批复填海造地项目10个，批复面积405.06hm²；钦州市批复填海造地项目24个，批复面积790.95hm²；防城港市批复填海造地项目14个，批复面积436.23hm²（图5-6）。

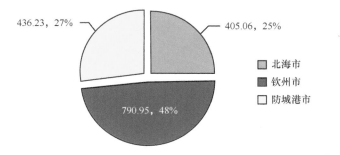

图5-6　沿海三市2010年批复填海造地项目面积饼状图（单位：hm²）

至 2014 年 12 月，2010 年批复的 48 个项目中，已竣工验收项目 34 个，其中换发土地证的有 13 个；填海已完成但未竣工验收的项目有 7 个；填海未完成的项目有 6 个；未填海项目 1 个。

（4）2011 年度填海造地项目情况

2011 年广西共批复填海造地项目 46 个，共批复填海面积 1101.79hm²。其中北海市批复填海造地项目 6 个，批复面积 165.28hm²；钦州市批复填海造地项目 18 个，批复面积 211.88hm²；防城港市批复填海造地项目 22 个，批复面积 724.63hm²（图 5-7）。

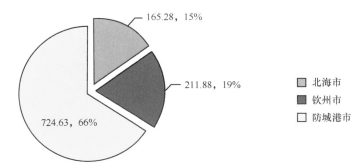

图5-7　沿海三市2011年批复填海造地项目面积饼状图（单位：hm²）

至 2014 年 12 月，2011 年批复的 46 个项目中，已竣工验收项目 9 个，其中换发土地证的有 0 个；填海已完成但未竣工验收的项目有 11 个；填海未完成的项目有 25 个；未填海项目 1 个。

（5）2012 年填海造地项目情况

2012 年广西共批复填海造地项目 30 个，共批复填海面积 792.57hm²。其中北海市批复填海造地项目 6 个，批复面积 154.78hm²；钦州市批复填海造地项目 6 个，批复面积 186.77hm²；防城港市批复填海造地项目 18 个，批复面积 451.02hm²（图 5-8）。

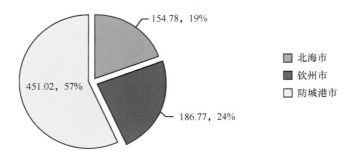

图5-8 沿海三市2012年批复填海造地项目面积饼状图（单位：hm²）

至 2014 年 12 月，2012 年批复的 30 个项目中，已竣工验收项目 4 个，其中换发土地证的有 0 个；填海已完成但未竣工验收的项目有 9 个；填海未完成的项目有 17 个；未填海项目 0 个。

（6）2013 年填海造地项目情况

2013 年广西共批复填海造地项目 37 个，共批复填海面积 599.53hm²。其中北海市批复填海造地项目 11 个，批复面积 297.30hm²；钦州市批复填海造地项目 13 个，批复面积 212.92hm²；防城港市批复填海造地项目 13 个，批复面积 89.31hm²（图 5-9）。

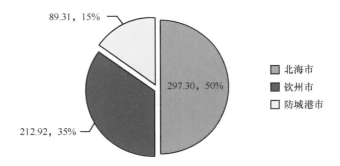

图5-9 沿海三市2013年批复填海造地项目面积饼状图（单位：hm²）

至 2014 年 12 月，2013 年批复的 37 个项目中，已竣工验收项目 1 个，其中换发土地证的有 0 个；填海已完成但未竣工验收的项目有 11 个；填海未完成的项目有 24 个；未填海项目 1 个。

（7）2014 年填海造地项目情况

2014 年广西共批复填海造地项目 38 个，共批复填海面积 1532.52hm²。其中北海市批复填海造地项目 7 个，批复面积 237.90hm²；钦州市批复填海造地项目 18 个，批复面积 234.73hm²；防城港市批复填海造地项目 13 个，批复面积 1059.89hm²（图 5-10）。

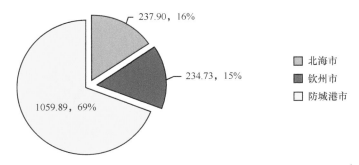

图5-10 沿海三市2014年批复填海造地项目面积饼状图（单位：hm²）

至 2014 年 12 月，2014 年批复的 38 个项目中，已竣工验收项目 1 个，其中换发土地证的有 0 个；填海已完成但未竣工验收的项目有 0 个；填海未完成的项目有 37 个；未填海项目 0 个。

下　篇

陆海综合体监测预警平台建设

第6章 海洋大数据平台建设

6.1 平台建设背景及总体要求

6.1.1 建设背景

海洋信息包含海洋氛围、海洋资源、海洋开发等其他和海洋相关的科学数据，包含视频、音频、文字、图片等，其具有数据量大、种类繁多、在时间上或者空间上严重分散、实时性较高等特征，传统的信息管理形式早就已经不堪重负。笔者以科学技术是第一生产力的指引思想作为出发点，坚持与时俱进，坚定数字化和网络化的海洋信息技术管理，在信息采集、筛选、入库、分析和调取等方面进行了相对的完善，同时给出了以下管理建议。

海洋信息数据主要源自航空遥感、海洋调查船、卫星遥感、海洋台站和海洋数据浮标、海床基等，多元化的探测方式加大了信息集中管理的难度，将空间上或者时间上分散的海洋信息开展相应的归纳，数据库的建设应该注意以下几个准则：数据应该有统一的格式，使其简单、易懂、便于取用，对于来源不同的数据应该一并用统一的格式，建设适当的数据接口。各数据库的关系要像人身一般，表面上看，各个器官分布杂乱无序，实际上却是相互关联、相辅相成的，各个器官的有序配合，落实了身体这个机构的灵活运转。大数据时代下的海洋信息需要落实如臂使指一般的轻松自如，随时随地给海洋管理决策人员带来目前最新、最可靠的海洋信息。保持文件个体的单独性，迁移过程中不会导致文件的缺少和损坏，针对关联文件一定要特殊对待解决，如超链接、文章内标注、调取全局通用信息等。为便于传递和保存，有时候需要对大文件开展相对的拆分，如果可以保证各文件较强的单独性，当某部分数据缺少损坏时，我们不应该对全局全部的文件开展创新，只需要找到错误文件的位置，之后对坏掉的部分像外科手术一样进行切除换新就可以了。对必要的硬件设施进行更新，建设传感器和数据库的多个渠道自动传递，第一时间把传感器收集到的海洋信息反馈到电脑上，建设数据统计工作实时监控，按照局部采样建设全局信息猜测，落实大数据的实时、大规模、迅速解决和交互分析。

6.1.2　建设目标

1. 建立北部湾空间信息陆海综合体新型大数据平台

融合广西海洋研究院现有各业务系统数据，结合第二次全国土地调查工作标准和技术规范，收集沿海市县近岸土地、海洋、渔业相关数据和业务需求，搭建覆盖陆地、海洋与渔业的陆海"一张图"北部湾空间信息陆海综合体新型大数据平台，主要实现以下数据的同步和处理。

（1）海域使用数据

实现与国家海域动态监管系统的数据自动同步，并作为图层在系统中展示；接入广西海洋核心数据库，自动读取数据库的数据并在系统中展示，提供查询统计功能。

（2）生态环境数据

导入保护区、红树林等生态数据，作为数据图层展示；自动同步广西海洋生态浮标数据，实现数据的自动更新、浮标站点信息展示、监测数据曲线图等功能。

（3）渔船监测数据

接入渔船监测实时信息，在"一张图"上显示渔船位置、航向、航速等信息。

（4）数据网格化处理

对每个图层的数据增加网格属性，利用时空网格编码实现空间数据的大数据存储与管理，建立网格码索引表。

2. 建设陆海综合体全要素动态监管应用平台

基于"一张图"的设计理念，实现以下功能。

（1）基本查询统计

实现对各图层数据的关键字查询、按区域查询、点击查询等功能；实现对多图层数据的叠加分析功能，包括拉框查询、缓冲区分析、自定义区域查询（导入查询区域范围）等。

（2）专题查询统计

针对海域权属、海籍调查、浮标、保护区、红树林、渔船等数据实现专题查询统计。

（3）时空网格大数据管理

在"一张图"上显示网格信息，实现通过网格编码快速提取网格内的所有数据，并进行分类统计。

（4）附件数据管理

实现对图片、文本等附件数据的存储与查询，并将附件数据与"一张图"平台上的位置相关联。

（5）渔业养殖监测试验

选取渔业养殖示范区，建立示范区综合监测数据库，实现对示范区监测数据的综合展示和分析。

6.2 总体设计

6.2.1 设计原则

依据需求分析和建设目标，设计遵循如下原则，以确保可以应对广西"智慧海洋"大数据平台应用支撑的需要和挑战。

1. 实用性

平台的设计要坚持实用性原则，在保持总体设计具有前瞻性和先进性的同时，确保平台建设切合海洋信息化建设实际、符合现状，同时也需综合考虑节约系统开发的成本。

2. 可扩展性

平台设计应具有良好的可扩展性，平台的可扩展性是平台建设的关键因素，随着现有的系统越来越多，系统集成的可能性越来越大，平台的可扩展性成为满足未来各种扩展需求的关键。

3. 适应性

由于现在规划数据较多，系统设计必须能够方便地适应当前相关数据的不同情况以及未来变化，包括支撑技术、共享服务接口以及业务需求等方面的变化。

4. 安全性

平台的安全性涉及多个方面，包括身份认证、应用授权、安全审计和日志管理等，确保应用系统满足安全等级保护的有关规定。

5. 成熟性

平台所使用的基础软件产品以及核心技术要经过市场的考验，并且在全球范围内有广泛的用户。尽量避免采用一些小的厂商开发的或自己开发的中间件产品。

6. 先进性

采用市场领先且成熟的技术，使平台项目具备国内同业领先的地位，便于系统的升级和今后的维护。

6.2.2 总体框架

广西"智慧海洋"大数据平台，融合了空间规划、土地利用、第二次全国土地调查、海洋经济、海域空间信息、海域使用现状、海洋公共资源、海洋生态环境等数据，对海洋综合数据进行网格化处理，通过构建大数据分布式存储中心，实现各种异构数据的集成、存储建模、挖掘计算与共享，此平台可以成为后续开发各种智慧应用的数据集成平台（图6-1）。平台建设在充分调研各级海域部门的工作职能与具体业务需求的基础上，清晰梳理各类业务流程，开展以流程为导向的组织模式重组设计与软件开发工作，开发海域行政管理、海域监视监测管理、决策支持、辅助办公、对外信息发布平台等应用系统，发挥系统辅助海域行政管理、监视监测业务日常管理、领导指挥决策工作及为社会公众提供信息服务的作用。

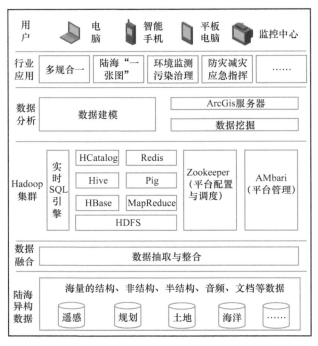

图6-1 广西"智慧海洋"大数据平台总体框架

6.2.3　关键技术

本研究采用 MVC 框架和三层架构技术在 ASP.NET Web 开发平台进行系统研发，并采用 ADO.NET 数据库访问技术实现与 Oracle 数据库之前的数据读取与存储，利用 ArcGIS Server 实现专题地图展示和地图叠加分析功能。

1. MVC 框架和三层架构技术

总体架构见图 6-2。

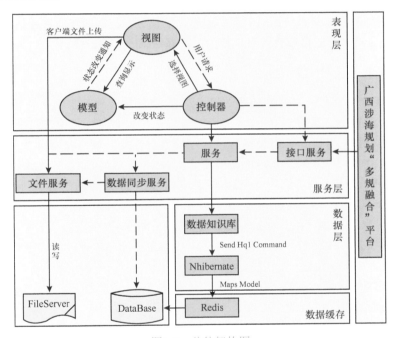

图6-2　总体架构图

MVC 可分为模型层（model）、视图层（view）、控制层（controller），其具有可定制、代码清晰、便于维护、测试友好、轻量级、开源等特性。由于一个应用被分离为三层，因此有时改变其中的一层就能满足应用的改变。一个应用的业务流程或者业务规则的改变只需改动 MVC 的模型层。控制层的概念也很有效，由于它把不同的模型和不同的视图组合在一起完成不同的请求，因此，控制层可以说是包含了用户请求权限的概念。此外，MVC 还有利于软件工程化管理。由于不同的层各司其职，每一层不同的应用具有某些相同的特征，有利于通过工程化、工具化产生管理程序代码。

2. 组件式开发技术

为了使平台具有一定的技术前瞻性和可扩展性，要求必须解决现有业务系统的紧耦合式的体系架构，系统将采用组件式架构重新建立，开发一个全面符合 SOA 体系标准的组件化的信息系统，将原有的业务应用组件化，使其服务功能化、功能模块化、模块松散化，最终实现服务的便捷可重组。

具体的业务都被抽象成若干"业务组件"，这些业务组件之间通过"内部服务总线"进行集成，各业务组件之间松散耦合，确保维护、升级不会相互影响，提供业务系统的可维护性。

基于组件的架构使系统通过对服务和组件的抽象，利用两级服务总线进行集成，实现了系统各个部分松散耦合，可以极大地提高系统的可维护性。

3. ASP.NET

ASP.NET 是一个统一的 Web 开发平台，它为开发人员创建企业级 Web 应用程序提供所需的服务。尽管 ASP.NET 的语法基本上与 ASP 兼容，但是它还提供了一个新的编程模型和基础结构以提高应用程序的安全性、缩放性和稳定性。通过逐渐向现有的 ASP 应用程序增加 ASP.NET 功能，我们可以自由地使其增大。ASP.NET 是一个编译的、基于 .NET 的环境；我们可以用任何 .NET 兼容的语言（包括 Microsoft Visual Basic.NET、Microsoft Visual C# 和 Microsoft JScript .NET）创作应用程序。另外，整个 Microsoft .NET 框架可用于任何 ASP.NET 应用程序。开发人员可以很容易地从这些技术中受益，这些技术包括公共语言运行环境管理、安全认证和性能继承等。

ASP.NET 的优点如下。

（1）可管理性

ASP.NET 使用基于文本的、分级的配置系统，简化了将设置应用于服务器环境和 Web 应用程序的工作。由于配置信息是存储为纯文本的，因此可以在没有本地管理工具的帮助下应用新的设置。配置文件的任何变化都可以自动检测到并应用于应用程序。

（2）安全

ASP.NET 为 Web 应用程序提供了默认的授权和身份验证方案。开发人员可以根据应用程序的需要很容易地添加、删除或替换这些方案。

（3）易于部署

通过简单地将必要的文件复制到服务器上，ASP.NET 应用程序即可以部署到该服务器上。不需要重新启动服务器，甚至在部署或替换运行的已编译代码时也不需要重新启动。

（4）增强的性能

ASP.NET 是运行在服务器上的已编译代码。与传统的 Active Server Pages（ASP）不同，ASP.NET 能利用早期绑定、即时（JIT）编译、本机优化和全新的缓存服务来提高性能。

（5）灵活的输出缓存

根据应用程序的需要，ASP.NET 可以缓存页数据、页的一部分或整页。缓存的项目可以依赖于缓存中的文件或其他项目，或者可以根据过期策略进行刷新。

（6）国际化

ASP.NET 在内部使用统一码（unicode）以表示请求和响应数据，可以为每台计算机、每个目录和每页配置国际化设置。

（7）移动设备支持

ASP.NET 支持任何设备上的任何浏览器。开发人员使用与用于传统的桌面浏览器相同的编程技术来处理新的移动设备。

（8）可扩展性和可用性

ASP.NET 被设计成可扩展的、具有特别专有的功能来提高群集的、多处理器环境的性能。此外，Internet 信息服务（IIS）和 ASP.NET 运行时密切监视与管理进程，以便在一个进程出现异常时，可在该位置创建新的进程使应用程序继续处理请求。

（9）跟踪和调试

ASP.NET 提供了跟踪服务，该服务可在应用程序级别和页面级别调试过程中启用。可以选择查看页面的信息，或者使用应用程序级别的跟踪查看工具查看信息。在开发和应用程序处于生产状态时，ASP.NET 支持使用 .NET 框架调试工具进行本地和远程调试。当应用程序处于生产状态时，跟踪语句能够留在产品代码中而不会影响性能。

（10）与 .NET 框架集成

因为 ASP.NET 是 .NET 框架的一部分，整个平台的功能和灵活性对 Web 应用程序都是可用的。也可从 Web 上流畅地访问 .NET 类库以及消息和数据访问解决方案。ASP.NET 是独立于语言之外的，所以开发人员能选择最适于应用程序的语言。另外，公共语言运行库的互用性还保存了基于 COM 开发的现有投资。

（11）与现有 ASP 应用程序的兼容性

ASP 和 ASP.NET 可并行运行在 IIS Web 服务器上而互不冲突，不会发生因安装 ASP.NET 而导致现有 ASP 应用程序可能崩溃。ASP.NET 仅处理具有 .aspx 文件扩展名的文件。具有 .asp 文件扩展名的文件继续由 ASP 引擎来处理。然而，应该注意的是会话状态和应用程序状态并不在 ASP 与 ASP.NET 页面之间共享。

4. ADO.NET

ADO 是一组由微软提供的 COM 组件，基于面向对象思想的编程接口。它建立在 COM 体系结构之上，它的所有接口都是自动化接口，因此在 C++、Visual Basic、Delphi 等支持 COM 的开发语言中通过接口都可以访问到 ADO。ADO 对象模型非常精炼，由三个主要对象 Connection、Command、Recordset 和几个辅助对象组成，对象间的关系如图 6-3 所示。

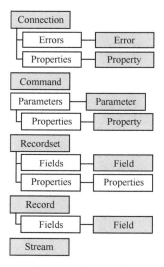

图6-3　对象关系图

几个关键对象的作用如下所述。

（1）Connection 对象

创建与数据库互动所需的连接，Connection 对象提供 OLE DB 数据源和对话对象之间的关联，它通过用户名称和口令来处理用户身份的鉴别，并提供事务处理的支持；它还提供执行方法，从而简化数据源的连接和数据检索的进程。任何数据库的操作行为都必须在连接基础底下进行。因此在使用 ADO 之前，首先便需创建一个 Connection 对象。必须注意的是，这个动作不是绝对的，ADO 本身会在没有 Connection 对象的情形之下，自行创建所需的连接对象。通常使用 ADO 来创建一个数据连接或执行一条不返回任何结果的 SQL 语句，如一个存储过程。

（2）Command 对象

Command 对象封装了数据源可以解释的命令，它针对连接的数据库进行数据变动，该命令可以是 SQL 命令、存储过程或底层数据源可以理解的任何内容。将用户提供的指令传送到数据库，进行新增、删除或修改资料等变动处理。Command 提供了一种简单的方法来执行返回记录集的存储过程和 SQL 语句。

（3）Recordset 对象

Recordset 用于表示从数据源中返回的表格数据，它封装了记录集合的导航、记录更新、记录删除和新记录的添加等方法，还提供了批量更新记录的能力。它向连接的数据库提出取得符合特定条件的数据内容。应用程序从 Recordset 对象上取得所要查看处理的特定数据内容，这些数据可能是某个特定数据表的全部或特定内容，或是跨越多个数据所取得的关系型数据，以二维数组的表格形式展现。它为记录集提供了更多的控制功能，如记录锁定、游标控制等。

以下这些对象是为完成数据库访问而设置的辅助对象，它们配合上述几个关键对象来完成具体的访问工作。

（4）Record 对象

Record 对象表示记录集 Recordset 或者数据提供者上的一条记录，它提供了对单条记录的数据字段的操作，通过它对数据字段进行读取、修改。

（5）Stream 对象

Stream 对象主要用来处理记录集中的二进制数据流，如文件内容或者图片对象等。

（6）Fields 集合和 Field 对象

Fields 集合处理记录中的各个列。记录集中返回的每一列在 Fields 集合中都有一个相关的 Field 对象。Field 对象使得用户可以访问列名、列数据类型以及当前记录中列的实际值等信息。

（7）Parameters 集合和 Parameter 对象

Command 对象包含一个 Parameters 集合。Parameters 集合包含参数化的 Command 对象的所有参数，每个参数信息由 Parameter 对象表示。

（8）Properties 集合和 Property 对象

Connection、Command、Recordset 和 Field 对象都含有 Properties 集合。Properties 集合用于保存与这些对象有关的各个 Property 对象。Property 对象表示各个选项设置或其他没有被对象的固有属性处理的 ADO 对象特征。

（9）Errors 集合和 Error 对象

Connection 对象包含一个 Errors 集合。Errors 集合包含的 Error 对象给出了关于数据提供者出错时的扩展信息。

5. ArcGIS Server

ArcGIS 产品线为用户提供一个可伸缩的、全面的 GIS 平台。ArcObjects 包含了大量的可编程组件，从细粒度的对象到粗粒度的对象，涉及面极广，这些对象为开发者集成了全面的 GIS 功能。每一个使用 ArcObjects 建成的 ArcGIS 产品都为开发者提供了一个应用开发的容器，包括桌面 GIS（ArcGIS Desktop）、嵌入式 GIS（ArcGIS Engine）以及服务端 GIS（ArcGIS Server）。本研究采用 ArcGIS Server 开发技术，其响应流程见图 6-4。

ArcGIS Server 秉承了广受用户好评的 ArcIMS 优秀的架构，相对于 ArcIMS 而言 ArcGIS server REST 地图请求更为简单，见图 6-5。

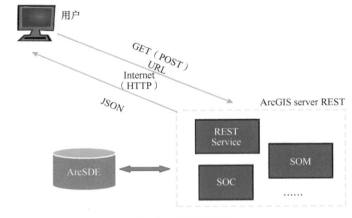

图6-4　响应流程图

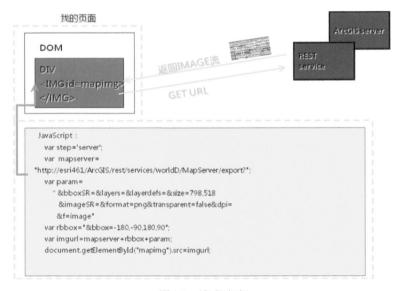

图6-5　请求响应

其步骤如下。

1）利用 JavaScript 拼接请求的 URL 串，传给 html。

2）页面请求 URL。

3）ArcGIS server REST 接受这个 URL 生成地图图片以流的方式传给页面。

4）页面展示地图图片给用户。

6.2.4　支持环境设计

1. 开发环境

开发环境：系统开发采用 .NET 语言开发，图表设计和展现技术采用用户体验较好的 FLEX 或者 HTML5 技术；数据库系统采用 Oracle 数据库系统；地理信息系统采用 ArcGIS 平台；系统服务端部署在 Windows 系列操作系统；操作系统支持 Intel、AMD 等硬件架构。

2. 运行环境

系统部署在海域专网，操作系统以 Windows 为主。系统运行环境配置见表 6-1。

表6-1　系统运行环境配置

序号	运行环境	软件选型
1	应用服务器	Windows server 2008（x64）ⅡS7
2	GIS 服务器	Windows server 2008（x64）ⅡS7
3	数据库服务器	Windows server 2008（x64）ⅡS7
4	客户端	Windows 7/8/2010
5	数据库软件	ORACLE 12C
6	GIS 平台	ArcGIS 平台

3. 软件平台

软件平台利用现有软件资源，主要包括数据库管理软件、GIS 平台软件和操作系统。数据库管理软件和 GIS 平台软件支撑信息管理平台运行，操作系统部署到各服务器中，具体见表 6-2。

表6-2　软件平台配置表

序号	配置软件	配置说明
1	数据库管理软件	支持主流厂商的硬件和操作系统平台能够支持数据分区等大数据量处理技术与大规模用户并发连接。支持灵活的数据备份和恢复，并提供统一的图形化数据库管理工具
2	GIS 平台软件	支持发布标准的 Web Service，符合国家地理信息公共服务平台标准服务规范的 WMS、WFS、WMTS 等服务，兼容多种操作系统平台，具备构建高效的地理信息服务集群能力，具备提供基于角色的服务访问控制功能，实现身份验证和授权，保障平台服务和数据安全
3	操作系统	Windows server 2008 R2 Enterprise

6.3 北部湾空间信息陆海综合体新型大数据平台建设

6.3.1 系统登录

1. 流程确定

系统登录流程见图 6-6。

图6-6 系统登录流程图

2. 功能分析

北部湾空间信息陆海综合体新型大数据平台在用户登录时将密码和账户发送到后台数据库进行对比，如果存在相同的密码和账户，则准予进入系统主界面。若账户密码其中一个不匹配，则不允许进入。

3. 界面布局

界面布局如图 6-7 所示。

图6-7 界面布局图

6.3.2　海域使用数据

本次海域数据类型主要有广西海域使用数据（海籍调查数据）（图6-8）、公共用海空间分布数据（图6-9）、海岛数据、908专项海陆分界线（图6-10）、沿海区县第二次全国土地调查数据成果（图6-11）、第二次全国土地调查行政区等6项专项数据，图斑超过30万个。

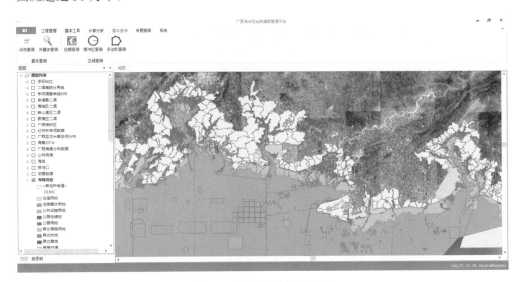

图6-8　海籍调查数据情况

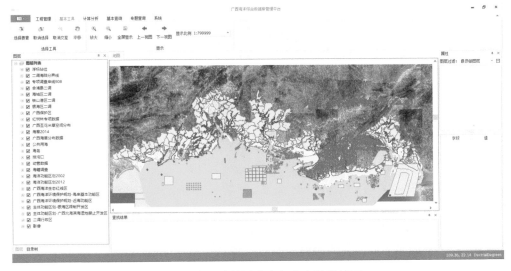

图6-9　广西公共用海空间分布数据情况

图6-10　908专项海陆分界线数据情况

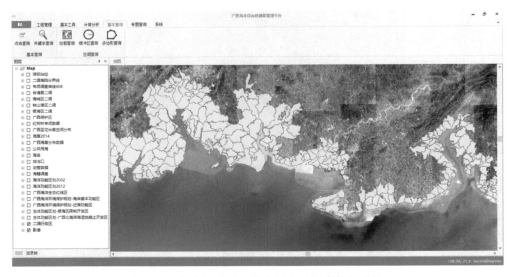

图6-11　沿海区县第二次全国土地调查数据成果

6.3.3　生态环境数据

本次生态环境数据类型主要有广西保护区数据（图6-12）、红树林专项数据（图6-13）、生态浮标数据（图6-14）、广西互花米草空间分布数据（图6-15）、海草空间分布数据（图 6-16）、海洋功能区划、排污口空间分布数据（图 6-17）等 7 项专项海洋生态环境类数据的入库工作，图斑超过 20 万个。

图6-12　广西保护区数据情况

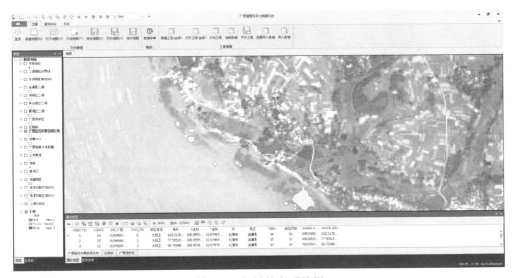

图6-13　红树林专项数据

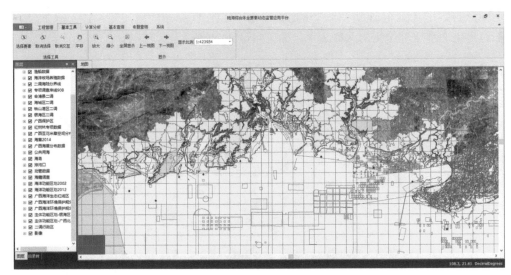

图6-14 生态浮标数据情况

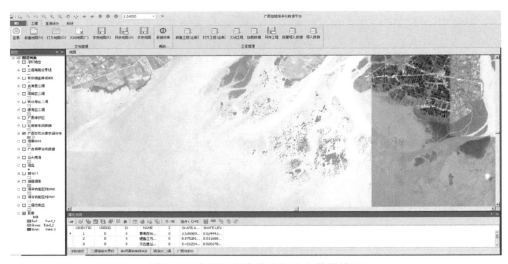

图6-15 广西互花米草空间分布数据情况

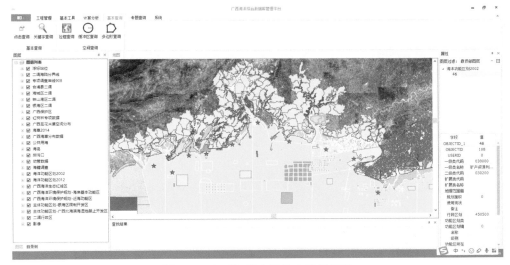

图6-16　广西海草空间分布数据情况

图6-17　排污口空间分布数据情况

6.3.4　渔船监测数据

本次渔船监测数据共输入 40 余条，主要分布在钦州湾一带（图 6-18）。

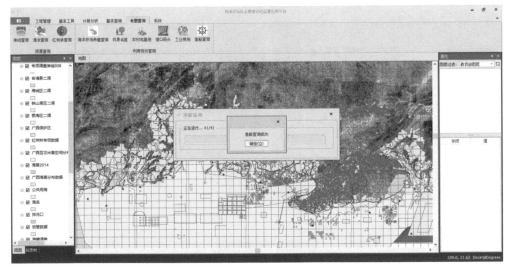

图6-18　渔船监测数据情况

6.3.5　数据网格化处理

对每个图层的数据增加网格属性，利用时空网格编码实现空间数据的大数据存储与管理，建立网格码索引表（图6-19）。

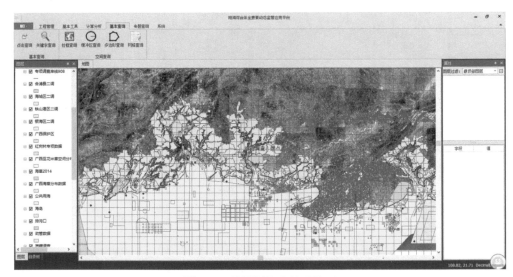

图6-19　数据网格化处理情况

6.4 陆海综合体全要素动态监管应用平台建设

6.4.1 用户登录

用户登录界面主要是实现权限控制（图6-20）。

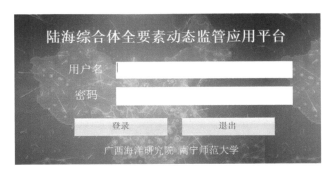

图6-20 登录界面

登录系统后，系统将打开默认的工程，并自动加载所有图层数据。

6.4.2 工程管理

工程管理实现工程的新建、打开、关闭、另存等功能，界面如图 6-21 所示。

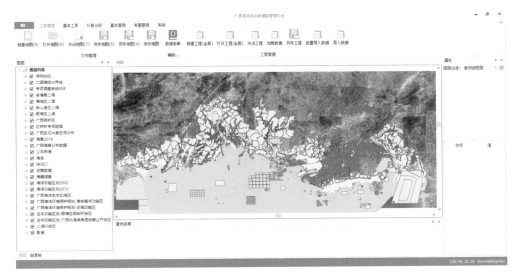

图6-21 工程管理界面

6.4.3 数据导入导出

数据导入导出管理界面如图6-22所示。

图6-22　数据导入导出管理界面

6.4.4 基本工具

基本工具包括选择、取消选择、取消交互、平移等选择工具，也包括放大、缩小、全屏显示、显示比例等显示工具，界面如图6-23所示。

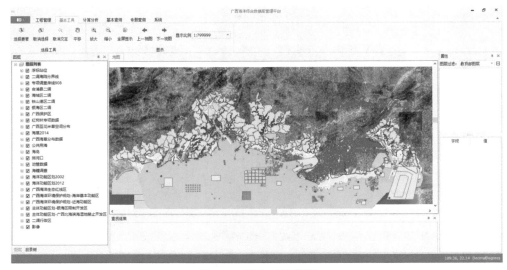

图6-23　基本工具界面

6.4.5 计算分析

计算分析模块提供距离量算（长度测量）、面积量算、卷帘、计算椭球面积、添加图例等功能，界面如图 6-24 所示。

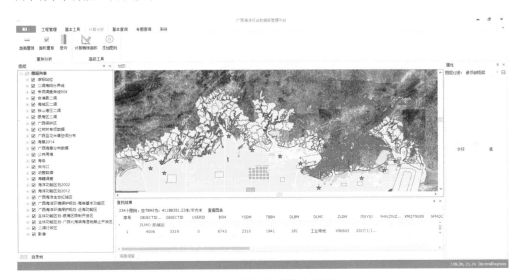

图6-24　计算分析模块界面

1. 距离量算

实现量算任意两点间长度的功能，界面如图 6-25 所示。

图6-25　长度测量界面

2. 面积量算

实现量算任意多边形面积的功能，界面如图 6-26 所示。

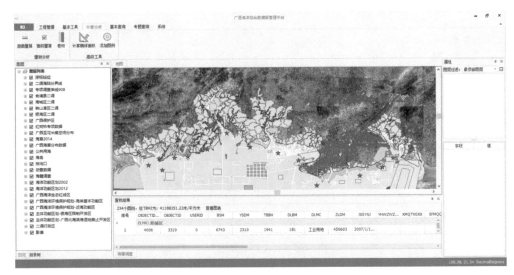

图6-26　面积量算界面

3. 卷帘分析

实现对任意两个图层进行卷帘对比分析的功能，界面如图 6-27 所示。

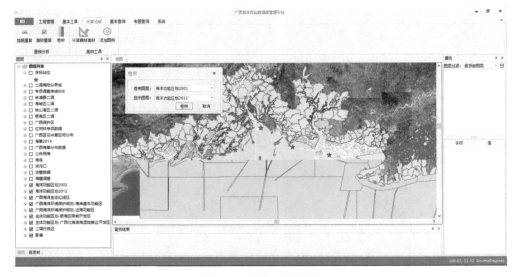

图6-27　卷帘分析界面

4. 计算椭球面积

实现计算所有图斑椭球面积的功能，界面如图 6-28 所示。

图6-28 计算椭球面积界面

6.4.6 专题查询统计

针对海域权属、海籍调查、浮标、保护区、红树林、渔船等数据实现专题查询统计。专题查询模块主要针对具体的业务需求，实现对不同类型用海数据的分类统计查询，主要包括：岸线查询、滩涂查询、红树林查询、养殖池塘查询、风景名胜查询、农村宅基地查询、港口码头查询、工业用地查询等，界面如图 6-29 所示。

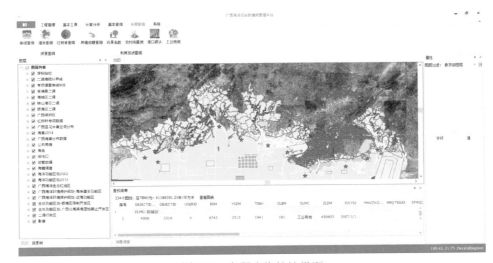

图6-29 专题查询统计界面

1. 岸线查询

针对不同的岸线类型进行查询统计，界面如图6-30所示。

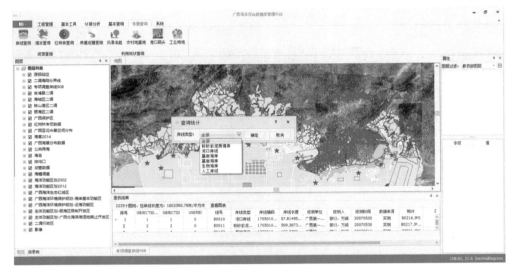

图6-30 岸线查询界面

2. 滩涂查询

统计不同区域的滩涂面积，并列出所有记录，界面如图6-31所示。

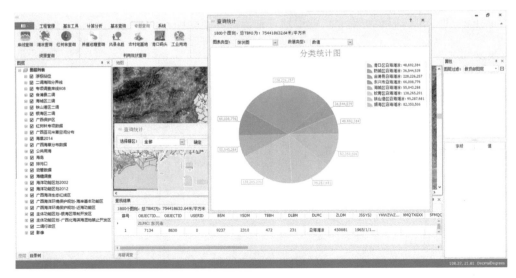

图6-31 滩涂查询界面

3. 红树林查询

统计不同区域的红树林面积，并列出所有记录，界面如图 6-32 所示。

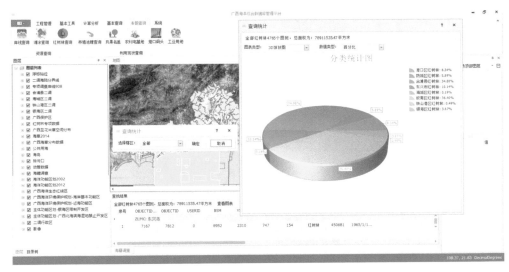

图6-32　红树林查询界面

4. 养殖池塘查询

统计不同区域的养殖池塘面积，并列出所有记录，界面如图 6-33 所示。

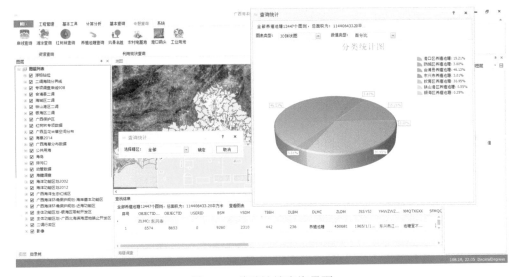

图6-33　养殖池塘查询界面

5. 风景名胜查询

统计不同区域的风景名胜面积，并列出所有记录，界面如图 6-34 所示。

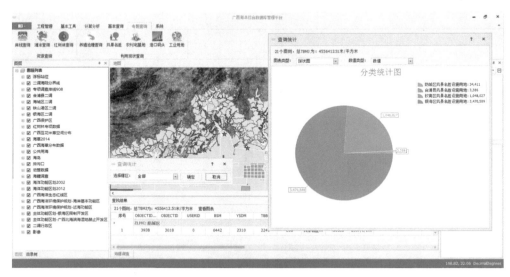

图6-34　风景名胜查询界面

6. 农村宅基地查询

统计不同区域的农村宅基地面积，并列出所有记录，界面如图 6-35 所示。

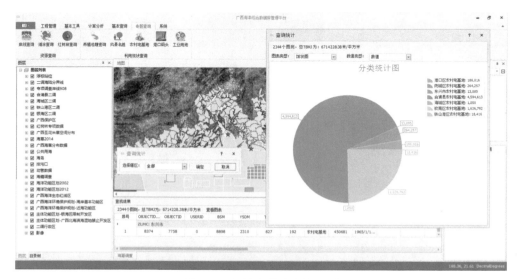

图6-35　农村宅基地查询界面

7. 港口码头查询

统计不同区域的港口码头面积，并列出所有记录，界面如图 6-36 所示。

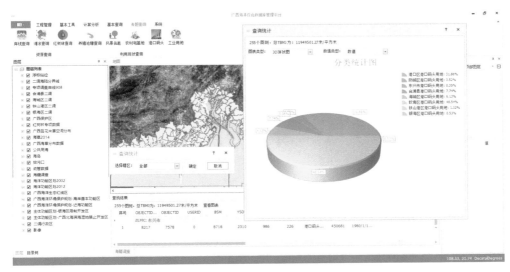

图6-36　港口码头查询界面

8. 工业用地查询

统计不同区域的工业用地面积，并列出所有记录，界面如图 6-37 所示。

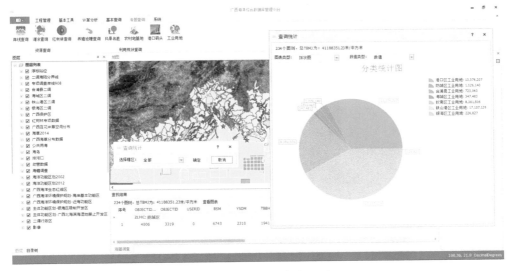

图6-37　工业用地查询界面

6.4.7　时空网格大数据管理

在"一张图"上显示网格信息，实现通过网格编码快速提取网格内的所有数据，并进行分类统计（图6-38）。

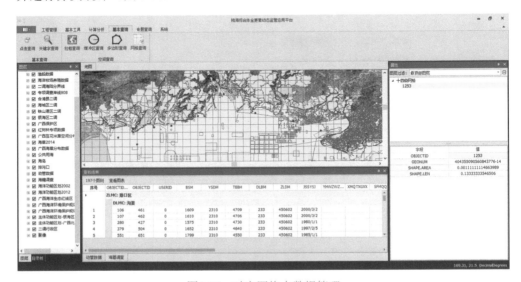

图6-38　时空网格大数据管理

6.4.8　附件数据管理

实现对图片、文本等附件数据的存储与查询，并将附件数据与"一张图"平台上的位置相关联，见图6-39。

图6-39　附件数据管理界面

6.4.9　系统设置

系统设置模块主要提供选择系统界面风格、查看视图及帮助等功能，界面见图 6-40。

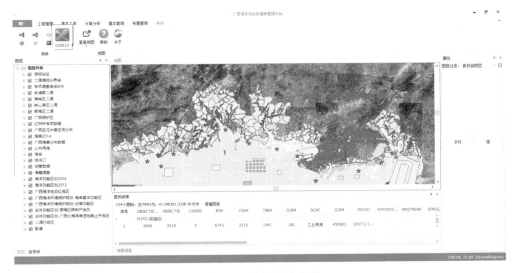

图6-40　系统设置界面

第 7 章　北部湾地理时空数据网格化智慧服务预警平台建设

7.1　建设目标

7.1.1　建成地理时空网格化智慧服务预警平台

面向海洋牧场多源异构大数据组织、处理与服务的迫切应用需求，基于全球位置框架与编码，提出海洋牧场"大数据集装箱"概念模型（胡晓光等，2015），设计多源异构海洋信息立体网格编码模型，突破海上海下一体化高精度定位、北斗网格码快速索引与空间分析、灾害数据地理网格预测预警等关键技术（廖永丰等，2013），发展相应的系统构建方法，研发区域海洋大地测量基准与海上/海下综合位置服务系统原型，研制海上/海下北斗网格码一体化数据服务引擎（陆楠等，2015），实现水下高精度的位置信息服务，提高海洋牧场信息一体化、立体化、标准化组织能力和信息服务智能化水平，实现海洋牧场养殖"提质、增效、止损"，促进广西海洋经济的转型升级。

根据研究目标，设计了"数据模型 - 技术方法 - 软件模块"的架构，课题设置 6 项研究内容，包括多源异构信息立体网格编码模型、海上海下一体化高精度定位技术、北斗网格码快速索引与空间分析技术、灾害数据地理网格预测预警技术、区域海洋大地测量基准与海上/海下综合位置服务系统原型研发和海上/海下北斗网格码一体化数据服务引擎研发。其中，以多源异构信息立体网格编码模型为基础数据模型，在其基础上研究海上海下一体化高精度定位技术、北斗网格码快速索引与空间分析技术、灾害数据地理网格预测预警技术等三项技术方法，进而为区域海洋大地测量基准与海上/海下综合位置服务系统原型和海上/海下北斗网格码一体化数据服务引擎两个软件模块提供技术支持。

7.1.2　建成网格化智能服务区

智能服务区和核心示范区要素齐全、位置独特，实现区域数据网格化、水下位置服务装备化、水动力模拟数值化和承灾体调查评价模型化，实现对核心区蚝排、渔船、港口等承灾体的智能监控，在灾害发生时快速预警，智能规划避灾区路线，最大限度地降低核心区经济损失。通过集成研发广西北部湾海洋牧场智慧服务平台，对该区域 2000 多户养殖户、10 000 多个蚝排进行应用示范，使海洋牧场达到提质、增效、止损的目的，成果可延伸推广到北部湾、我国沿海海区甚至辐射到东盟国家。

　　智能服务区建成"五个一,三套装备和三个平台"。"五个一"即一个地理时空数据集、一个核心示范区、一个展示厅、一个监控室、一个交易中心;三套装备即信标、测深、北斗多功能装置;三个平台即大数据立体采集平台、网格化处理平台和智慧服务平台。针对北部湾茅尾海 2000 多户蚝农示范应用，平台可以推广到北部湾、我国沿海，并辐射到越南、泰国等东盟国家。

7.2　平台搭建

7.2.1　系统需求

1. 对于功能的需求

　　1）通过收集课题一"北部湾海洋牧场地理时空立体化数据采集平台"、课题二"广西北部湾海洋牧场示范区时空数据网格化处理平台"和其他系统成果中的多源、异构、多序列时空数据，进行海洋数据预处理，构建课题间衔接的系统接口和数据标准;引入 Hadoop2.2.0 以及 NoSQL 数据库 HBase，实现海量海洋大数据的分散存储、集中管理以及海洋信息服务的共享应用，以可视化的方式展现出来。

　　2）建立基于 WebGL 技术的海洋地理时空数据网格化智慧服务平台的可视化模型与研发。主要功能是:集成业务系统，实现统一身份认证，支持第三方分析应用通过集成认证接口接入门户平台;提供信息推送接口，支持通过消息推送服务;支持针对单个的用户、用户组进行推送;提供适配数据引擎对智慧分析应用数据的封装;提供门户平台管理服务，支持模块增删管理、模块权限管理;提供非结构化存储服务，支持针对存储空间的文件管理;提供 API 接口，支持第三方应用通过 API 使用私有云存储服务等。

2. 对于性能的需求

　　（1）精度的需求

　　在精度需求上，根据使用需要，在各项数据的输入、输出及传输过程中，可以满足各种精度的需求，如对于数值型数据项以如下格式显示。

1）小数点后保留两位小数，如 0.00。

2）整数部分使用千位分隔符。

3）部分监测数据对精度的要求更高，如数据存储至少精确到小数点后四位。

4）时间类型数据项显示格式，精度设置到天、小时（24 小时）、分钟、秒，例如，日期类精度统一为 yyyy-mm-dd；时间类精度统一为 hh:mm:ss。

5）比率（含 %）等精度统一为 0.00%。

（2）时间特性的需求

提供动态页面的伪静态处理，提高页面点击响应速度。系统基本信息管理操作在 1s 内处理完成。

（3）灵活性的需求

1）自适应性：系统本应满足运行环境的变化要求，如应满足不同浏览器的浏览和操作，如 IE、Safari、Firefox、Chrome。

2）系统设计开发过程中数据库设计和前台设计应充分考虑灵活性，以保障与其他软件的链接，以及部分功能的删减。

3. 输入输出的需求

系统提供多种数据类型的输入输出，包括文本、表格、图片、视频、其他格式的文档（如 Word、Excel、PDF 等）、关系型数据库的数据。

4. 用户界面的需求

页面内容：主题突出，站点定义、术语和行文格式统一、规范、明确，栏目、菜单设置和布局合理，传递的信息准确、及时。内容丰富，文字准确，语句通顺；专用术语规范，行文格式统一规范。

导航结构：页面具有明确的导航指示，且便于理解，方便用户使用。

技术环境：页面大小适当，能用各种常用浏览器以不同分辨率浏览；无错误链接和空链接；采用层叠样式表（CSS）处理，控制字体大小和版面布局。

艺术风格：界面、版面形象清新悦目、布局合理，字号大小适宜、字体选择合理，前后一致，美观大方；动与静搭配恰当，动静效果好；色彩和谐自然，与主题内容相协调。

5. 数据管理能力的需求

本系统主要的功能是对海洋生态监测中多源、异构、多序列时空数据相关信息进行管理统计与共享，当前的数据总量较大，并且增长速度较快，所以本平台建立初始，系统所需存储空间应需 300GB，以后每年的增长空间约 50GB。

6. 应对故障处理的需求

（1）出错信息

在用户使用错误的数据或访问没有权限的数据后，系统给出提示，而且用户的密码管理可以允许用户修改自己的密码，不允许用户的匿名登录。

系统自动检测和排错，出现错误及时弹出告警信息。

（2）补救措施

由于数据在数据库中已经有备份，故在系统出错后可以依靠数据库的恢复功能，并且依靠日志文件使系统再启动，就算系统崩溃用户数据也不会丢失或遭到破坏。但有可能占用更多的数据存储空间，权衡措施由用户来决定。

（3）系统数据维护设计

为了提高本系统的维护效率，在程序内部设计中做出返回状态日志，通过状态日志，检查与维护系统的操作过程和数据迁移情况。

7.2.2　系统总体架构

海洋牧场智慧服务平台首先从各个分散的数据库中抽取异构数据并进行整合，将一些"脏"数据按照海洋数据的结构特点进行"清洗"。通过使用 ETL 工具对数据进行清洗，ETL 将一些离散、凌乱、标准不统一的数据进行整合，为平台系统的决策提供分析依据（图 7-1）。

7.2.3　系统逻辑层次

系统开发在 Hadoop 集群环境下，分为三个层，如图 7-1 所示。第一层，应用层负责与用户进行查询数据的交互，也可称为集成系统的展示平台。把来自中介者层的数据与 ArcGis 服务器结合开发，对数据进行可视化展示（Mahdavi-Amiri et al.，2015a，2015b）。第二层，中介者层通过请求处理器分析用户的查询条件，并把查询条件传送给中间件层，结果处理器分析来自中间件层映射给中介者层的数据，并把最终结果返回给应用层。第三层，中间件层使用 MapReduce 编程模型，改写 Map 和 Reduce 函数，并借用文件适配器、应用适配器向各个数据源收集数据，从而把所有符合查询条件的数据返回给中介者层（图 7-2）（Jiang et al.，2010a，2010b）。

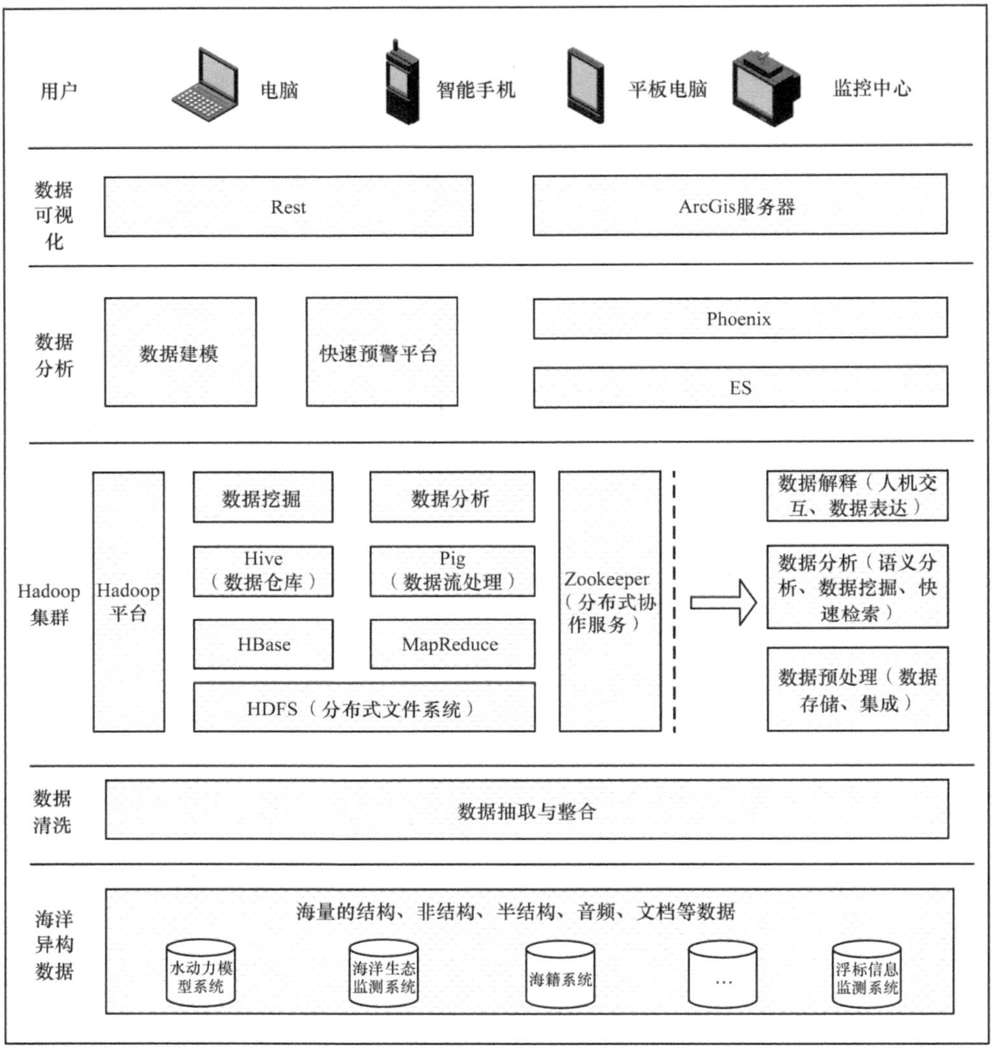

用户
电脑
智能手机
平板电脑
监控中心
数据可视化
Rest
ArcGis服务器
数据分析
数据建模
快速预警平台
Phoenix
ES
Hadoop集群
Hadoop平台
数据挖掘
数据分析
Hive（数据仓库）
Pig（数据流处理）
HBase
MapReduce
HDFS（分布式文件系统）
Zookeeper（分布式协作服务）
数据解释（人机交互、数据表达）
数据分析（语义分析、数据挖掘、快速检索）
数据预处理（数据存储、集成）
数据清洗
数据抽取与整合
海洋异构数据
海量的结构、非结构、半结构、音频、文档等数据
水动力模型系统
海洋生态监测系统
海籍系统
…
浮标信息监测系统

图7-1　系统总体架构

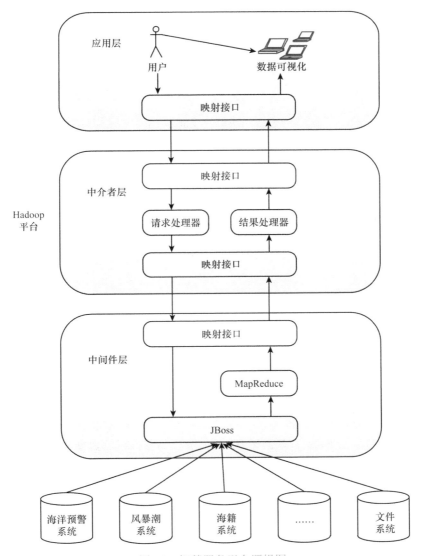

图7-2　智慧服务平台逻辑图

7.2.4　系统功能体系

智慧服务平台功能体系构建见图 7-3。

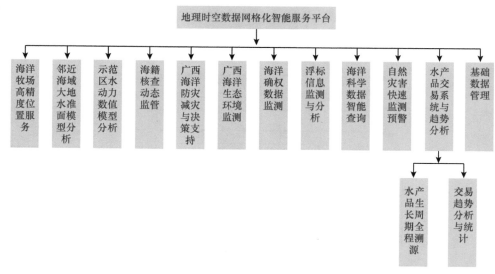

图7-3　智慧服务平台功能体系

7.2.5　系统开发技术路线

北部湾海洋牧场地理时空数据网格化智慧服务平台是一个数据集成与共享的平台。本系统由数据预处理前置、数据存储和数据展示三个主要部分构成。本系统的特点是对课题一和课题二的多源、异构、多序列时空数据进行预处理，引入 Hadoop 分布式计算框架以及 NoSQL 数据库 HBase，实现海量海洋大数据的分布式存储、集中管理以及海洋信息服务的共享应用。

1. 分布式数据库开发

HBase 是一个高可靠性、高性能、面向列、可伸缩的分布式存储系统，利用 HBase 技术可在廉价 PC Server 上搭建起大规模结构化存储集群（Kevin et al.，2003）。

与 FUJITSU Cliq 等商用大数据产品不同，HBase 是 Google Bigtable 的开源实现方式，类似 Google Bigtable 利用 GFS 作为其文件存储系统，HBase 利用 Hadoop HDFS 作为其文件存储系统；Google 运行 MapReduce 来处理 Bigtable 中的海量数据，HBase 同样利用 Hadoop MapReduce 来处理 HBase 中的海量数据；Google Bigtable 利用 Chubby 作为协同服务，HBase 利用 Zookeeper 作为对应。

在 Hadoop 生态系统中，HBase 位于结构化存储层，Hadoop HDFS 为 HBase 提供了高可靠性的底层存储支持，Hadoop MapReduce 为 HBase 提供了高性能的计算能力，Zookeeper 为 HBase 提供了稳定服务和失效转移（failover）机制。

此外，Pig 和 Hive 还为 HBase 提供了高层语言支持，使得在 HBase 上进行数据统计处理变得非常简单。Sqoop 则为 HBase 提供了方便的 RDBMS 数据导入功能，使得传统数据库数据向 HBase 中迁移变得非常方便。

2. 关系型数据库开发

Microsoft SQL Server 是一个全面的数据库平台，利用集成的商业智能（BI）工具提供了企业级的数据管理。Microsoft SQL Server 数据库引擎为关系型数据和结构化数据提供了更安全可靠的存储功能，可以构建与管理用于业务的高可用性和高性能的数据应用程序。在 Microsoft SQL Server 存放系统中的关系型数据。

3. J2EE 框架下的开发

SSM 框架是 Spring + Spring MVC + MyBatis 的缩写，这个是继 SSH 之后目前比较主流的 Java EE 企业级框架，适用于搭建各种大型的企业级应用系统。

Spring 是一个开源框架，Spring 是于 2003 年兴起的一个轻量级的 Java 开发框架，由 Rod Johnson 在其著作 *Expert One-On-One J2EE Development and Design* 中阐述的部分理念和原型衍生而来。它是为了解决企业应用开发的复杂性而创建的。Spring 使用基本的 JavaBean 来完成以前只可能由 EJB 完成的事情。然而，Spring 的用途不仅限于服务器端的开发。从简单性、可测试性和松耦合的角度来看，任何 Java 应用都可以从 Spring 中受益。简单来说，Spring 是一个轻量级的控制反转（IoC）和面向切面（AOP）的容器框架。

Spring MVC 属于 Spring 框架的后续产品，已经融合在 Spring Web Flow 里面，它原生支持的 Spring 特性，让开发变得非常简单规范。Spring MVC 分离了控制器、模型对象、分派器及处理程序对象的角色，这种分离让它们更容易进行定制。

MyBatis 本是 apache 的一个开源项目 iBATIS，2010 年这个项目由 apache 基础软件迁移到 google 代码，并且改名为 MyBatis。MyBatis 是一个基于 Java 的持久层框架。iBATIS 提供的持久层框架包括 SQL Map 和 Data Access Object（DAO）。MyBatis 消除了几乎所有的 JDBC 代码和参数的手工设置以及结果集的检索。MyBatis 使用简单的 XML 或注解用于配置和原始映射，将接口和 Java 的 POJOs（Plain Old Java Object，普通的 Java 对象）映射成数据库中的记录。

4. .NET 框架下的开发

.NET 框架包括公共语言运行时（CLR）和 .NET 框架类库。公共语言运行时是 .NET 框架的基础，可将运行时看作一个在执行时管理代码的代理，它提供内存管理、线程管理和远程处理等核心服务，并且还强制实施严格的类型安全，也可提高安全性和可靠性的其他形式的代码准确性。事实上，代码管理的概念是运行时的基本原则。

以运行时为目标的代码称为托管代码，而不以运行时为目标的代码称为非托管代码。类库是一个综合性的面向对象的可重用类型集合，可使用它来开发多种应用，这些应用程序包括传统的命令行或图形用户界面（GUI）应用，还包括基于 ASP.NET 提供的最新创新的应用（如 Web 窗体和 XML Web Services）。

.NET 框架提供许多服务，包括内存管理、类型和内存安全、安全性、网络和应用程序部署。它提供易于使用的数据结构和 API，将较低级别的 Windows 操作系统抽象化。可在 .NET 框架中使用各种编程语言，包括 C#、F# 和 Visual Basic。

5. 面向 SOA 的体系架构

为了更好地重用已有模块、加快软件开发速度，使这种重用可以不用考虑各自运行平台和开发环境的差异，并使重用的模块可以方便地将旧系统纳入新系统，面向服务的体系结构 SOA 软件设计方法被提出。SOA 是一种松散耦合的软件体系结构，它的本质是一些系列服务的集合。在这种体系结构中，由各自独立可复用的服务来构成系统功能，这些服务对外分布有意义的明确的接口，软件的开发通过调用服务的接口完成。

数据中心为了能够实现各数据中心之间的互相操作，同时为了能够兼容部分节点上已有的数据共享服务系统，整个平台基于 SOA 体系架构进行设计，并利用 Web 服务技术设计了一系列数据共享核心服务。

6. 遵循 ISO9001 质量管理体系的研发

ISO9001:2015 认证标准要求建立并保持一个稳定的质量管理体系，这个体系应是贯穿软件整个生存周期的一个综合过程，以便在开放过程中保证质量，而不是在过程结束时才发现质量问题。所有文档记录格式都应是规范的，内容包括出错现象、原因分析、改进步骤、测试结果等。建立良好的文档说明可以保持程序的可读性和易维护性，从而保证程序开发的连续性。软件在交付使用前需要进行调试，以防不成熟的软件系统交付使用后出现问题。所以要对测试进行认真策划，制定模块测试、集成测试、系统测试计划，确定测试是否完成的判断准则。另外，客户的软件应用环境多种多样、千差万别，软件编写稍不严谨便会出现漏洞（bug），这也需要调试后修改程序，做好记录。

7.2.6 系统关键技术实现

1. 多源异构时空大数据的接收与预处理

由于智慧服务平台系统需要与多家单位多个数据源、多种数据结构的数据进行对接，为减轻主系统压力，也降低主系统遭受恶意攻击导致系统瘫痪的风险，特设立一个前置数据处理系统。前置数据处理为独立系统，逻辑上位于北部湾海洋牧场地理时空数据网格化智慧服务平台外围。原则上各个单位的数据必须发往前置数据处理系统，多源异构数据通过前置数据处理系统进行预处理（Mo et al.，2010），如图 7-4 所示，再由前置数据预处理系统分发到对应的关系型数据库或者非关系型数据库。

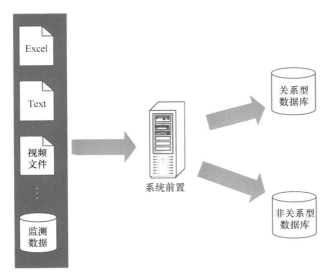

图7-4　数据存储过程

　　数据融合包含获取元数据后，通过数据预处理、数据清洗、数据质量控制过程后写入目标存储库的过程。图 7-5 为多源异构数据融合框架。

　　a. 数据预处理

　　在汇聚多个维度、多个来源、多种结构的数据之后，需要对数据进行预处理。预处理过程中除了更正、修复系统中的一些错误数据，更多的是对数据进行归并整理，并储存到新的存储介质中。通过对原始数据资料的整理，使之满足系统对数据的使用需要，为数据库建设提供符合标准要求的数据源，具体包括对需要建库的各类数据资源进行相应的规整、数据资源分类、规范化存储目录的建立、文件名称规范化整理、文件格式规范化整理、数据要素的图形规范化整理、数据要素的属性规范化结构整理等。

　　b. 数据抽取

　　数据抽取是从数据源中抽取数据的过程。数据抽取最常用的是 ETL 技术，如图 7-6 所示。具体数据抽取工具种类繁多，可根据实际业务数据的特点进行选择。从数据库中抽取数据一般有以下两种方式。

　　全量抽取：类似于数据镜像或数据复制，它将数据源中的表或视图的数据原封不

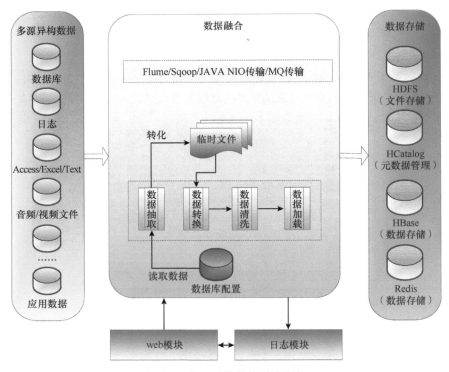

图7-5　多源异构数据融合框架

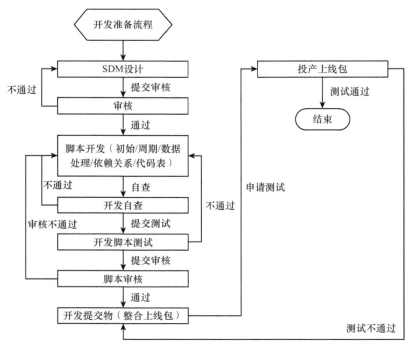

图7-6　ETL开发流程图

动地从数据库中抽取出来。该方法主要用于在系统数据初始化时使用。

增量抽取（更新）：指在上次抽取完成后，对数据库中新增或修改的数据的抽取。

c. 数据转换

数据转换要实现对数据的格式、信息代码、值的冲突进行转换。数据格式转换将需要转换的成果文件通过相关转换规则转换为满足平台应用的、标准结构的格式数据，包括：数据格式类型转换、坐标转换、代码转换、单位转换等。数据质量检查以数据的规范性、完整性、正确性为检查原则，对数据的定义和组织、数据精度、图形空间关系、属性逻辑关系、图属一致性、图幅接边等进行全面检查。为控制数据质量，有些过程需要不断进行迭代，进行转换后检查，检查如果有问题，则进行处理，如果不能处理的，则将问题提交专题调查单位进行修改；然后再转换、检查、处理，直到数据符合业务需要，满足入库的要求为止。

d. 数据过滤

数据过滤要初步实现对业务数据中不符合应用规则或者无效的数据进行过滤操作，使得数据标准统一。

e. 数据加载

数据加载过程中进行的主要操作是插入操作和修改操作。将干净数据及脏数据分别插入不同的数据表中。对于数据加载工作，一般会搭建数据库环境，如果数据量大（千万级以上），可以使用文本文件存储结合脚本程序处理进行操作。

f. 数据清洗

数据清洗规则包括：非空检核、主键重复、非法代码清洗、非法值清洗、数据格式检核、记录数检核。

非空检核：要求字段为非空的情况下，需要对该字段数据进行检核。

主键重复：多个业务系统中同类数据经过清洗后，在统一保存时，为保证主键唯一性，需进行检核工作。

非法代码、非法值清洗：非法代码问题包括非法代码、代码与数据标准不一致等，非法值问题包括取值错误、格式错误、多余字符、乱码等，需根据具体情况进行校核及修正。

数据格式检核：通过检查表中属性值的格式是否正确来衡量其准确性，如时间格式、币种格式、多余字符、乱码。

记录数检核：指各个系统相关数据之间的数据总数检核或者数据表中每日数据量的波动检核。

脏数据处理。数据质量中普遍存在的空缺值、离群值和不一致数据的情况，这些脏数据可以采用人工检测、统计学方法、聚类、分类及基于距离、关联规则等方法来实现数据清洗。

2. 分布式数据存储

对于数据的存储，本系统使用 HBase 分布式存储数据库，将已经被清洗过的数据存入 HBase 中。HBase 构建在 HDFS 上，适合于结构化和非结构化数据存储，通过不断添加服务器来增加计算速度和存储能力。HBase 的物理存储结构如图 7-7 所示。

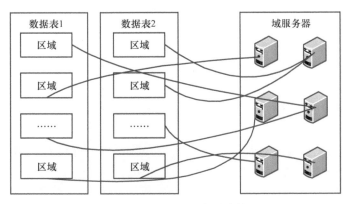

图7-7　HBase物理存储结构

HBase 将数据表（Table）按列分割成多个 Region，每张数据表默认有一个 Region，当数据增多达到一个阈值时，Region 会被分割成两个新的 Region，这样以此类推，随着数据的增多每张表的 Region 也越来越多。Region 是 HBase 中分布式存储的最小单元，不同的 Region 被分别存放在不同的 Region Server 上。HBase 通过组件进行数据管理，例如，Client 组件是 HBase 的访问接口，通过维护 cache 来加快对 HBase 的访问；Master 组件是为 Region Server 分配 Region，负责 Region Server 的负载均衡。

数据管理除 HBase 组件外，还会使用基于 Hadoop 的数据仓库工具 Hive。Hive 将结构化数据映射成一张数据表，通过 SQL 语句快速实现 MapReduce 统计。

在实际应用中，必须做到充分应用数据网格化来进行数据分析。数据分析通过建立不同的数据模型实现对海洋异构数据的功能需求，如海洋数据检索、人机交互、语义分析、数据挖掘等功能需求。使用 Phoenix 对 HBase 进行访问，Phoenix 是 HBase 提供的 SQL 操作框架。同时，结合 ElasticSearch（ES）搜索服务器达到快速访问 HBase 的目的。

在海洋牧场时空数据网格化智慧服务平台中，最终展示的就是利用数据可视化技术，将数据建模生成的数据结合 ArcGis 服务器对其进行可视化展示。为更好地调用网络资源，在这一模块使用"表述性状态转移"（representational state transfer，

Rest），Rest 从资源的角度观察整个网络，可以对资源进行获取、创建、修改和删除操作。

3. 数据集成

　　海洋数据具有种类科目繁多、异构、多数据源等特点，针对海洋数据的挖掘首先要做的是将多源的数据进行集成（Wright and Goodchild, 1997）。海洋数据的多源主要体现在：海洋数据分布在多个独立的信息化系统数据库中，同时部分数据是以 Word、Excel、扫描件等文本的形式存储的。对于海洋数据的集成，本节介绍一种中间件处理模型。

　　中间件选取 JBoss，JBoss 是基于 J2EE 开源的应用服务器，对硬件要求小，安装部署简便，可有效支持 ETL、数据挖掘、数据仓库等大数据处理技术。JBoss 数据集成如图 7-8 所示。

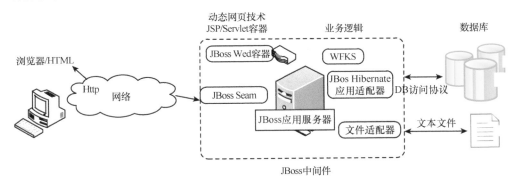

图7-8　JBoss数据集成

　　具体集成方案如下。一是数据库数据。数据库数据是海洋数据主要的存储方式，根据各种数据库种类建立对应的访问协议，如 Oracle 数据库中 JDBC 驱动是"oracle. jdbc.driver.OracleDriver"；SQLServer 数据库中 JDBC 驱动是"sqlserver. jdbc. SQLServerDriver"。通过 JBoss Hibernate 可以方便地与各种数据库建立通信，并能够快速地建立数据库实体类数据表，一旦实体类数据表建立完成，那么访问数据并提取数据库中的数据就是轻而易举的。

　　二是文本文件。文本文件主要包括 Word、Excel、扫描件等，是海洋数据集成最为烦琐复杂的模块，需开发人员针对每种文件进行编程开发处理文本中的语义问题，根据海洋数据的结构上传到对应的数据库中，然后再通过 Hibernate 进行统一处理。针对一些特殊的文件，如扫描件，需要人工填写信息并上传。

　　采用 JBoss 中间件能够对海洋异构数据统一集成，并取得良好效果，对数据的集中处理采用 MapReduce 编程模型。

　　在海洋数据初步达到集成目的后，需要对其进行分析。海洋数据是多源异构的且数据量庞大，采用 MapReduce 并行编程模型以便能够满足用户快速高效地得到数据集分析结果。

海洋数据处理体现在海洋数据的可视化展示、用户查询统计、海洋灾害预测、海洋环境预测分析等方面。根据每种具体的功能需求，进行改写 Map 和 Reduce 函数。以海洋环境预测为例，MapReduce 处理流程如图 7-9 所示。

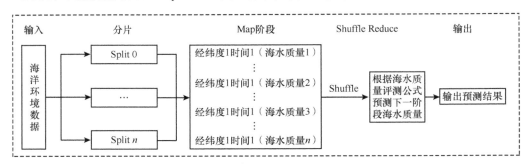

图7-9　海洋环境预测MapReduce处理流程

海洋环境数据按照学科、要素分类有 10 余种，结构复杂、种类繁多。但是海洋环境数据具有地域性的特点，采用经纬度网格的方法对海洋环境数据进行分类，并按照时间排序，为海洋环境预测做准备。针对海洋环境数据量大的特点，采用 MapReduce 并行编程模型进行排序和分析比单机运算更加高效快捷。

改写 Map 和 Reduce 函数，Map 函数主要功能是对海洋环境数据按照经纬度进行分类并根据时间排序，然后 Shuffle 将结果集以 <key, value> 键值对形式分配给 Reduce 函数，Reduce 函数用来分析海洋环境数据并根据环境质量评价公式进行预测。

4. 海洋异构数据集成快速查询技术

中间件层基于 MapReduce 分布式编程模型，采用 JBoss 应用服务器作为中间件对海洋数据进行集成，然后根据用户需求改写 Map 和 Reduce 函数，MapReduce 编程模型把数据处理后将结果数据集映射到中介者层，此时的数据依然是一些分散异构的数据，并不能展示给用户。这就需要中介者层对数据统计分析，进一步将数据进行处理，使这些数据成为可视化的数据，本文在中介者层采用中介者模式，数据统计分析时使用图结构查询节点的方式。

使用中介者对象模式，该层的请求处理器将来自用户的查询请求封装成一个请求对象，方便中间件层对多数据源的数据查询。当中间件层把查询到的数据映射给中介者层，中介者层就把这些数据进行统一集成封装成对象，交给结果处理器。结果处理器把这些对象以图的形式查询统计分析，将最终结果返回给中介者层，中介者层把用户所查询的数据发送给应用层，为用户提供可视化数据。

图（graph）是由顶点的有穷非空集合和顶点之间边的集合组成的，通常表示为：$G(V, E)$，其中，G 表示一个图，V 是图 G 中顶点的集合，E 是图 G 中边的集合。根据定义图可分为有向图和无向图，有向图指图中任意两个顶点的边都是有向边，无向图指图中任意两个顶点的边都是无向边。

针对海洋数据，以经纬度为单位进行数据存储，由于数据源存储标准不同，中介者层依据查询数据的分类把每种数据进行对象封装，每组经纬度数据的相邻经纬度数据都保存在其对应的元素所指向的一张链表中，所有的经纬度数据保存在一个数组中，任意两个经纬度之间关系是任意的，任意两个节点之间都可能有关系，但这种关系没有方向，所以针对海洋数据的存储结构为无向图。

对于无向图的查询检索，本文采用广度优先搜索的策略，广度优先搜索（也称宽度优先搜索，BFS）是连通图的一种遍历策略，从第一个顶点开始只访问它的临界节点并把它标记，直到第 n 节点把所有节点都进行遍历，查找流程如图 7-10 所示。

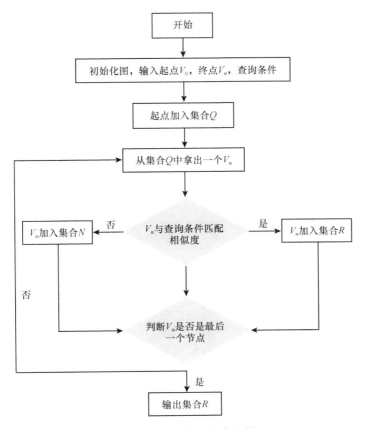

图7-10　广度优先搜索流程

5. 智慧平台展示

本系统采用 B/S 架构，可有效降低客户机标准。使用 MVC 的软件设计模式，如图 7-11 所示，将业务逻辑、数据、界面显示分离的方法组织代码，将业务逻辑聚集到一个组件里面，在改进和个性化定制界面及用户交互的同时，不需要重新编写业务逻辑。MVC 被独特地发展起来，并被用于映射传统的输入、处理和输出功能，使用户界面在一个逻辑图形中实现。

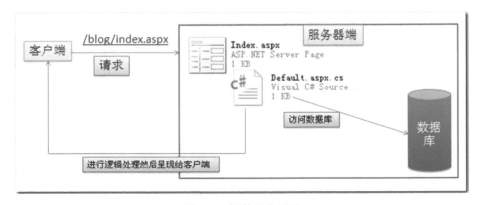

图7-11 智慧平台展示

视图层是与客户的交互层，负责提交用户请求和数据，并将后台的响应结果返回给客户层。同时提供客户提交信息的 JavaScript 验证功能。

控制层负责项目中业务功能实现流程的管理工作，如具体的业务功能由哪些类来实现，实现结果由谁来显示等，必须由控制层来决定。同时控制层还要负责与其他两层的通信，这个过程需要一些 Csharp 类来协助传递信息，另外控制层还要负责请求的转发与重定向控制。从控制层所负责的功能上不难想象，在业务逻辑相对复杂时，此层代码编写会略显繁重和复杂。

模型层主要是一些实现具体业务功能的类，模型层在实现业务功能时具体的实现方式比较自由，但在业务逻辑比较复杂的情况下模型层职能的划分会出现问题，可能会造成一定混乱和不便。设想一下，如果可以更明确地将模型层进一步划分使之变得更有条理，这样就会增强该层的可维护性了。

采用 MVC 框架，使模型与控制器和视图相分离，可以很容易地改变应用程序的数据层和业务规则，极大地降低系统的耦合性。

允许使用各种不同样式的视图来访问同一个服务器端的代码，因为多个视图能共享一个模型，它包括任何 Web（Http）浏览器或者无线浏览器（wap），提高系统模块的重用性。

使用 MVC 模式使开发时间得到相当大的缩减，它使程序员（Java 开发人员）集中精力于业务逻辑,界面程序员（HTML 和 JSP 开发人员）集中精力于表现形式上。

7.2.7　任务分析

1. 海洋牧场高精度位置服务

（1）海洋（水上 / 水下）高精度导航定位算法

海洋牧场水上 / 水下声学高精度动态定位解算方法，是本研究拟解决的关键问题之一。水下声学定位中，理论上只要潜器接收到海底三个已知控制基准点的声信号就可以确定其位置，但是由于声学定位利用测量各基元的相对时间延迟来估计目标的距离和方位，其受很多因素的影响，如时间延迟估计精度、方位、目标与基元的距离及其形成的空间几何结构、海洋环境等。为了提高定位的可靠性，采取的措施有：实现基于差分的水下动态定位解算方法来减少水下定位中系统误差和空间相关性误差，研究构建水下定位误差模型，研究安装校准误差、系统响应误差和声速测量误差的影响特点及消除方法；构建声线跟踪模型和声线传播误差模型，在保证跟踪计算精度的基础上,研究提高计算效率的方法。针对水下导航定位数据中存在的粗差，研究抗差估计及粗差处理方法；针对噪声统计特性不确定的问题，研究基于非线性滤波的自适应高精度水下导航定位算法（图 7-12）。

图7-12　水下定位示意图

（2）海洋牧场高精度位置服务模块详细划分

海洋牧场高精度位置服务依托海洋大地测量基准新表与应答感知设备，为锥面传播观光垂钓平台、网箱、筏架、蚝排、水下鱼礁、水下自主航行器（AUV）、遥控水下机器人（ROV）等海洋牧场生产设备提供高精度的位置信息服务：①水上高精度位置服务模块；②水下高精度位置服务模块；③综合位置服务模块（图 7-13）。

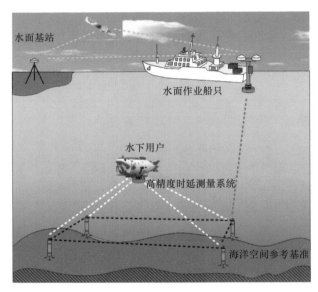

水面基站

水面作业船只

水下用户

高精度时延测量系统

海洋空间参考基准

图7-13 综合位置服务模块

2. 邻近海域大地水准面模型分析

（1）北斗网格码数据模型

面向海洋牧场信息的北斗网格码数据模型，是针对多源异构的海洋牧场信息数据，依托地球剖分与北斗网格编码技术，结合广西北部湾海洋牧场所涉及的具体属性信息，设计面向海洋牧场的北斗网格码数据模型。该模型可将多源异构的海洋牧场信息纳入一个统一的数据模型框架中，同时还能够继承北斗网格码全球覆盖、无缝无叠、尺度完整、二三维一体化等优点。

（2）海洋大地测量基准

建立区域海洋大地测量基准和海上 / 海下综合位置服务系统原型，需要针对海洋牧场区域海水的温度、盐度、地形地貌等因素，结合海洋牧场内各类设施设备对高精度位置信息服务的需求，考虑到环境因素和不同的应用场景，对水下声学高精度导航定位算法进行不断调试，建立一套算法的使用准则，并与海洋牧场示范区地理时空采集观测网及大数据平台、数据网格化处理平台，以及智能服务平台建立高效的数据传输机制，形成综合位置服务系统原型，并开展大量测试和试验，对其有效性和稳定性进行充分验证。

（3）邻近海域大地水准面模型分析模块细化

依托海洋大地测量基准新表与应答感知设备，通过解算，在平台上显示海洋牧场邻近海域网格化的大地水准面数值（图 7-14）。

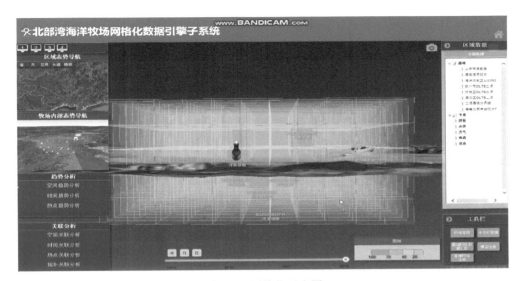

图7-14　网格化示意图

3. 示范区水动力数值模型分析

（1）水动力数值模型

极端天气（大风）情况下，海洋水动力环境呈现出与以往不同的特征，风浪剧烈，水体混合搅拌的加剧导致温盐分布趋向均匀，水体环境的变化导致海洋牧场中的生物适应的环境发生改变，从而可能导致一系列的影响（主要是负面作用）（陈波等，2001），本研究试图利用数值模式，通过模拟重现极端天气情况下海浪、海流和温度盐度分布的变化，并融合 HOP 模型评估风暴增水对海洋牧场（示范区）的影响。

构建具有北部湾特色的钦州湾高分辨率三维水动力数值模型和波浪模型，提供水动力要素的时空分布特征值，研究极端天气条件下风暴增水对海洋牧场示范区的影响程度，并提出相应防范措施。

在精细化地形数据基础上，采用 ECMWF 风场，利用 SWAN 模式模拟极端天气条件下的海浪特征，获取海洋牧场示范区及周围海域在极端天气条件下海浪的波向、波高和海浪谱的变化（冯兴如等，2011）；基于广西近海水动力模型（水深、风场、初始温盐场和开边界水位数据）并结合实测数据，构建钦州湾水动力模型（MIKE），采用三角网格，可以更好地拟合侧边界地形（黄磊，2007），同时对海洋牧场示范区进行加密处理。构建北部湾风浪模型，模拟极端天气条件下的海流和温盐场，获取海洋牧场示范区及周围海域在水平和垂向上温、盐、流的分布与变化。同化实测数据，保证模型结果的精确度。布置潜标，进行半年至一年的长时间观测，收集海流、温度以及盐度的垂向剖面数据；同时进行关键断面的调查，收集海流、温度、盐度、溶解氧等要素的数据。模型可提供钦州湾水动力要素的时空分布值，为海洋牧场地理时空大数据平台提供数据源。同时融合 HOP 模型评估风暴增水对海洋牧场示范区的影响，并提出相应的防范措施。

（2）示范区水动力数值模型分析模块的详细划分

示范区水动力数值模型可以在网格化空间分布和时间变化上形象生动地展现水动力要素结果，为研究近海区域波浪、潮流、泥沙运动规律提供科学决策依据。

1）水动力要素的空间分布和时间变化模块图 7-15 ～图 7-17。

图7-15　海浪可视化展示图

a. 涨潮　　　　　　　　　　　　　　　　　b. 落潮

图7-16　潮汐图

图7-17　海流图

2）海浪模型见图 7-18、表 7-1、图 7-19（SWAN 模式模拟极端天气条件下的海浪特征）。

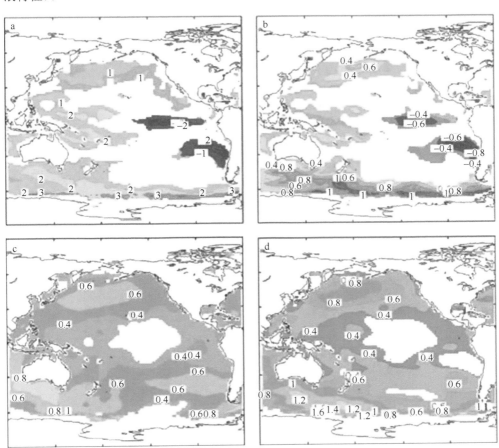

图7-18　海浪模型

a. 平均海表风速；b. 海浪波高；c. 涌浪波高；d. 混合波浪高

表7-1　海洋表面温度（单位：℃）

海区	月均海洋表面温度											
	1月	2月	3月	4月	5月	6月	7月	8月	9月	10月	11月	12月
渤海	2.9	1.7	3.8	6.7	13.9	17.5	22.6	25.3	22.5	18.4	13.2	9.0
黄海	2.0	8.1	8.1	10.0	15.4	19.3	23.8	25.2	23.5	20.3	17.4	13.6
东海	17.1	16.5	16.6	18.1	22.0	24.9	27.8	28.6	27.7	25.2	23.4	20.4
南海	25.1	24.8	25.5	26.6	28.8	29.1	29.0	29.1	29.2	28.0	27.5	25.9

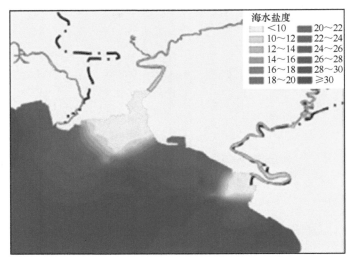

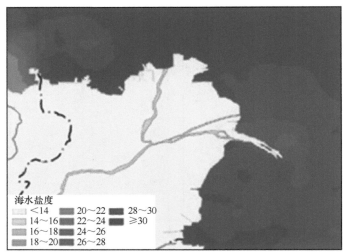

图7-19　盐度分布示意图

4. 海籍核查动态监管

海籍调查的目的是通过调查与勘测工作获取并描述位置、界址、形状、权属、面积、用途和用海方式等有关信息。海籍调查的成果包括海籍测量数据、海籍图等。

通过海域海籍数据库管理系统和海域海籍动态核查系统，实现对海域海籍基础调查数据的信息化管理和信息共享。海籍核查动态监管模块主要提供了对海籍核查的相关地理信息数据、属性数据的查看、查询（图7-20）。

图7-20　海籍查询动态监管示意图

5. 广西海洋防灾减灾与决策支持

　　北部湾拥有丰富海洋资源禀赋，但沿海经济基础一直比较薄弱，导致北部湾海洋牧场存在一系列的监管问题，如缺乏现代化养殖监管技术，仍停留在传统海洋捕捞与养殖产业上，导致产量不高；风暴潮等海洋灾害频发，每年对渔民造成难以统计的损失；海下本底情况不清，缺乏有效的评价手段，导致选址决策主观性、随意性、片面性现象较严重；缺乏有效的水下定位手段，难以满足海洋牧场水下作业的位置服务要求等。

　　北部湾海洋牧场利用海上浮标、水下多功能数据采集装备，建立针对海洋牧场的生态环境数据采集和评估体系；开展海洋牧场承灾体调查，形成避灾区选址标准，形成承灾体、避灾区调查详细本底数据库，研究基于 HOP 与地理网格化的承灾体脆弱性评价模型关键技术，开发海洋灾害数据网格化预测智能算法，实现对核心区海洋防灾减灾的高校信息化辅助决策支持和管理。

　　研究通过水动力 MIKE 模型和波浪 SWAN 模型模拟重现极端天气情况下海浪、海流、温度与盐度分布的变化，进而分析风暴增水对海洋牧场造成的影响，为海洋牧场的建设评估提供准确依据。

　　通过广西海洋研究院的广西海洋防灾减灾业务系统进行接口访问，能够在智慧服务平台中访问这些子系统，为海洋防灾减灾提供科学决策。

6. 广西海洋生态环境监测

　　海洋牧场构建基于物联网技术的海洋牧场在线监测系统，实现对水温、盐度、溶氧、叶绿素等海水环境关键因子的立体实时在线监测。

一是实现对海洋牧场可视，就是对海洋牧场海域状态实施在线视频观察。通过海洋牧场水下状态、生产方式、产品、环境直观显示，展示现代化海洋生物产业形象，普及海洋科技文化知识，强化海洋意识。

二是实现对海洋牧场可测，就是对海洋牧场水质和水动力等生态环境参数实施在线监测。通过即时观测海洋牧场水生生物生长状态，开展水质和水动力条件的大数据分析，把握规律，指导科学养殖生产。

三是实现对海洋牧场可控，就是对海洋牧场生态环境质量实施有效管控。通过对海洋牧场出现的缺氧、敌害生物等生态环境安全事件在线视频和在线数据的分析，提升海洋牧场预报减灾能力。

通过广西海洋研究院的广西海洋生态环境监测业务系统进行接口访问，在智慧服务平台中访问广西海洋生态环境监测系统，减少平台差异性。

7. 浮标信息监测与分析模块

（1）设计分析

该模块实现各级各类监测数据系统交互共享，提升了监测预报预警、信息化能力和保障水平，健全广西海洋生态环境监测监管体系，提高北部湾海洋环境实时监测能力。监测浮标的构造以及所包含的信息如图7-21、图7-22所示，监测浮标的分布如图7-23所示。

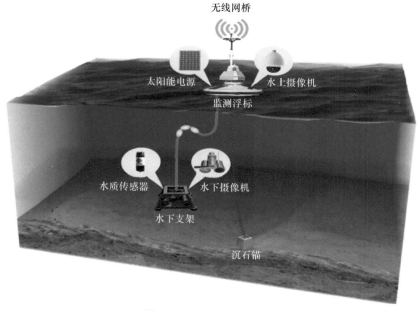

无线网桥

太阳能电源　　水上摄像机

监测浮标

水质传感器　　水下摄像机

水下支架

沉石锚

图7-21　监测浮标的构造

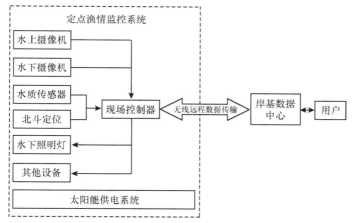

图7-22　监测浮标的结构信息

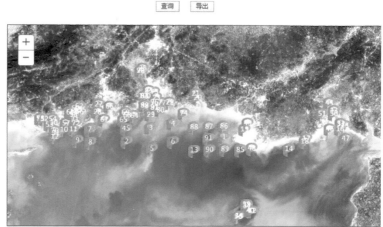

图7-23　监测浮标的分布图

搭建广西海洋生态监测浮标具有如下重要意义：

1）通过国家海洋局和广西海洋局制定的相关标准针对海洋生态监测中的各类信息资料组建统一的海洋生态环境监督数据库，完成海洋生态监测管理的规范化、系统化、网络化，提高监测工作的效率。

2）将不同来源的监测数据收集整合，建立统一一致的省级管理网络。

3）可以更加准确、高效地向国家海洋局上报广西海洋生态监测信息，并能满足与国家海洋局平台对接的要求。

4）海洋生态监测的网络化、信息化建设可以提供充足、翔实的实时信息资源，为未来政务信息公开创造有利的条件。

（2）预期结果分析

浮标信息监测系统分为浮标站基础信息、浮标监测波高数据、浮标监测波向数据、浮标监测气温数据、浮标监测气压数据、浮标监测风速数据、浮标监测风力数据、浮标监测风向值数据、浮标监测风向值中文数据、浮标监测水温数据 10 个数据分析模块。其中水上摄像机 / 水下摄像机摄入生蚝或者金鲳鱼的生长过程的视频，通过审查和剪辑，给用户展现出来生蚝或金鲳鱼的生长周期溯源等，水质传感器接收到水温数据、pH 数据、盐度（电导率）数据、溶解氧数据、浊度数据，针对浮标监测过程中产生的各种指标性数据、过程性数据进行统计分析，并对分析结果进行可视化展示，列表数据分析见表 7-2、表 7-3。

表7-2　浮标监测数据位置列表

序号	名称	有效波高（m）	最大波高（m）	风速（m/s）	观测时间	经度（°）	纬度（°）
🔅… 未应用过滤器							
5	1号浮标	3.6	3.6	10	2016-06-05T04:30:00	108.563333	21.733333
4	2号浮标			7.5	2017-10-18T11:00:00	108.323667	21.628833
6	3号浮标	3.9	3.6	11	2016-06-05T04:30:00	108.383833	21.5285
20	9号浮标			1.3	2017-10-18T00:00:00	108.213667	21.516333
21	10号浮标			9.9	2017-10-18T01:00:00	108.500833	21.5715
22	11号浮标			9.8	2017-10-18T00:30:00	108.756	21.585
23	12号浮标			6.5	2017-10-18T00:00:00	109.607167	21.514167
29	18号浮标			2.2	2017-02-11T06:00:00	108.60475	21.906392
8	白龙尾	0.5	0.9	5.8	2017-09-09T12:30:00	108.233056	21.443889
9	涠洲	0.4	0.7	0	2017-10-18T11:00:00	109.128056	21.009167

表7-3　浮标监测数据详细信息表

采样时间	温度（℃）	湿度（℃）	风速（m/s）	气压（kPa）	波浪（m）	波向（°）
2017/2/18 18:01	15.80	39.09	15.91	132.30	7.46	339.80
2017/2/18 18:02	18.54	42.64	18.53	127.04	6.09	52.89
2017/2/18 18:03	19.05	43.50	16.31	138.60	5.44	78.65
2017/2/18 18:04	19.47	32.64	15.25	116.04	8.12	324.27
2017/2/18 18:05	15.07	40.84	17.30	120.20	7.19	41.36
2017/2/18 18:06	18.92	39.89	19.25	122.63	5.87	203.32
2017/2/18 18:07	17.60	37.67	16.35	127.81	9.28	163.91

8. 海洋科学数据智能查询模块

（1）设计分析

该模块主要提供了对北海市、钦州市海域动管系统的相关地理信息数据、属性数据的查看、查询、浏览功能，提供基于 ArcGIS 的圈选查询功能。其中主要有海洋研究院查询、用户查询等数据。海洋研究院可以查询到海洋的确权、浮标位置信息、海水涨幅、水产品生产和销售的大致走势等数据，客户端可查询到生蚝或金鲳鱼的生长过程和环境，浮标所监测出来的水温数据、pH 数据、盐度（电导率）数据、溶解氧数据、浊度数据等，进而与阈值进行对比，以及查询到水产品的生产数量和情况、销售情况等，以实现用户对自己所养的水产品各个方面信息的了解，进而采取相应的措施。通过北部湾经济区科学数据智能查询系统和北部湾经济区科学数据辅助分析决策系统（图 7-24 和图 7-25）进行气候资源数据、地质信息、水文信息等数据集等相关数据可视化、浏览、查看、统计展示。

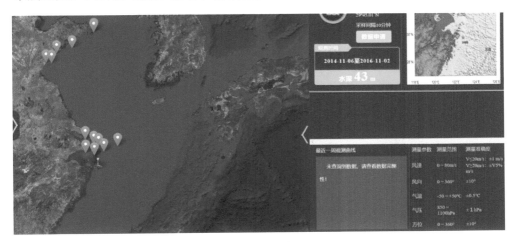

图7-24　信息查询设计

图7-25　信息查询浏览

（2）预期结果分析

海洋科学数据智能查询流程确定见图 7-26。

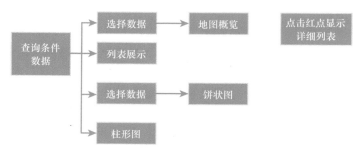

图7-26 海洋科学数据智能查询流程确定

（3）界面布局

界面布局可以实现约束性指标下各二级指标的数据概览和展示，二级指标以菜单的形式进行数据选择，选中菜单后以二级指标为筛选条件。查询条件根据"区分"列进行查询。其中"地图概览"在地图上列出各区域数据，点击区域点后可以查看详细数据项；列表列出数据项，饼状图可以查看各区分条件下的各区域数据占比；柱形图可以查看多个区分条件在多个区域中的数据对比。

该模块中，钦州市指标监测对象为约束性指标（表 7-4）。

表7-4 钦州市指标监测

钦州市指标监测								
是否主键	字段名	字段描述	数据类型	长度	可空	约束	缺省值	备注
	区分		VARCHAR2（50）	50				查询条件
	一级指标		VARCHAR2（500）					
	二级指标		VARCHAR2（500）					

9. 快速监测预警模块

（1）设计分析

该模块实现动态监测预警，通过将浮标所监测出来的水温数据、pH 数据、盐度（电导率）数据、溶解氧数据、浊度数据等实际数据同提早已经确定了的水温数据、pH 数据、盐度（电导率）数据、溶解氧数据、浊度数据对应的阈值对比分析计算和评分，进而快速判断是否超标，如果未超标则记录数据，如果已经超过了阈值则进行预警（图 7-27），并以不同的方式将其展示出来和辅助决策。如果检测指标超标，系统则自动发送短信到用户手机上提醒用户进行风险预警。

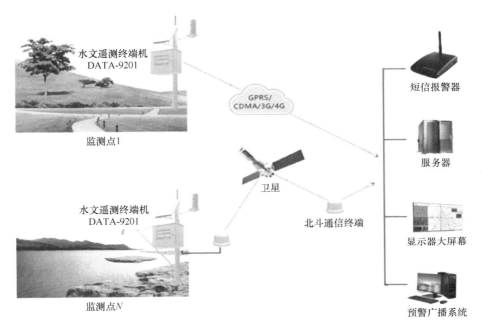

图7-27　监测预警模块设计

（2）预期结果分析

在该模块中将浮标等所提供的水文信息与已有的阈值进行比对，将水温数据、pH 数据、盐度（电导率）数据、溶解氧数据、浊度数据等所有的数据进行整体的比对，并得出结果（图 7-28 ～图 7-30）。

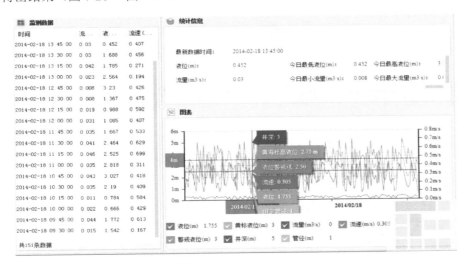

图7-28　监测信息展示

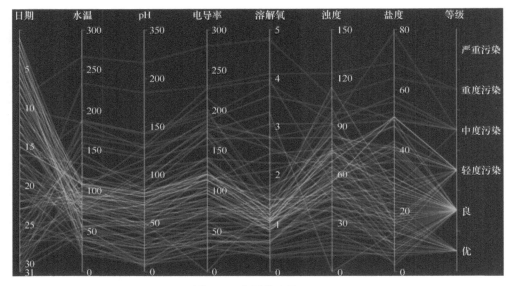

图7-29 监测信息处理一

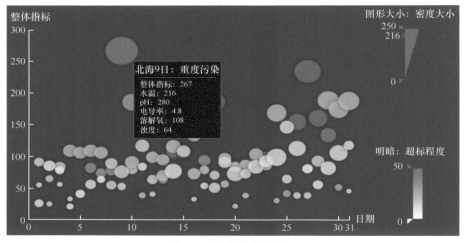

图7-30 监测信息处理二

10. 海洋牧场产品交易系统与趋势分析模块

（1）设计分析

在该模块中包括优势产品生长周期全程溯源和交易趋势统计分析，为了更好地使水产养殖户监测到海洋牧场水产品的生长，对生产过程做到心中有数，也为了向客户更好地展现所购买水产品的生长过程，在水产品监测中，对于水下摄像机拍摄的视频流进行截取，在该模块中可以做到随时调取某个网箱中指定摄像头在具体某一天拍摄的视频，做到全程可溯源（图7-31）。产品生长周期溯源主要是通过浮标所采集到的生蚝或者金鲳鱼的生活生长视频获得的，通过视频可以看到生蚝或者金鲳鱼的生活生长环境。

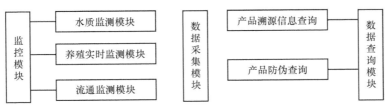

图7-31　水产品溯源信息平台结构

（2）预期结果分析

a. 北海金鲳鱼展示

通过交易系统，统计查询存放、展示、销售的水产品，记录存放的货物信息，由于需要充分利用存放空间，把不同农户的商品存放在同一区域，需要精确查找识别各类商家存放的货品。对所有电商的在库商品进行统计分析，对有保质期的商品进行有效期检查，如有发现即将到期的商品系统要有提示，电商还可以查询到商品出货情况。通过分析，展示海洋牧场水产品的生态和销售趋势。

水产品（北海金鲳鱼）交易折线图效果见图 7-32。

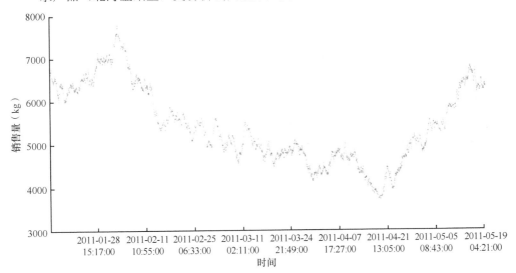

图7-32　水产品（北海金鲳鱼）交易折线图展示

水产品（北海金鲳鱼）交易柱状图效果见图 7-33。

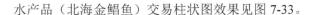

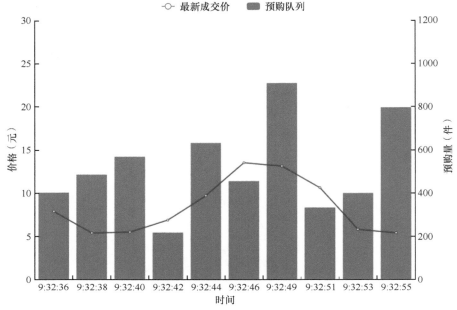

图7-33　水产品（北海金鲳鱼）交易柱状图展示

b. 钦州生蚝展示

通过交易系统，统计查询存放、展示、销售的水产品，记录存放的货物信息，由于需要充分利用存放空间，把不同农户的商品存放在同一区域，需要精确查找识别各类商家存放的货品。对所有电商的在库商品进行统计分析，对有保质期的商品进行有效期检查，如有发现即将到期的商品系统要有提示，电商还可以查询到商品出货情况。通过分析，展示海洋牧场水产品的生态和销售趋势。

水产品（钦州生蚝）交易折线图效果见图 7-34。

11. 基础数据管理模块

（1）设计分析

分别对沿海地区数据表、确权项目基本统计表、其他海籍地类基本统计表、其他权属等相关数据进行分析统计并把数据可视化，包括浏览、查看、统计展示。

在基础数据管理模块中，权限管理是其中最为重要的一部分，权限管理是一个几乎所有后台系统都会涉及的重要组成部分，主要目的是对整个后台管理系统进行权限的控制，而针对的对象是普通用户，避免因权限控制缺失或操作不当引发的风险问题，如操作错误、数据泄露等。

由于北部湾海洋牧场地理时空数据网格化智慧服务平台作为最后系统集成与展

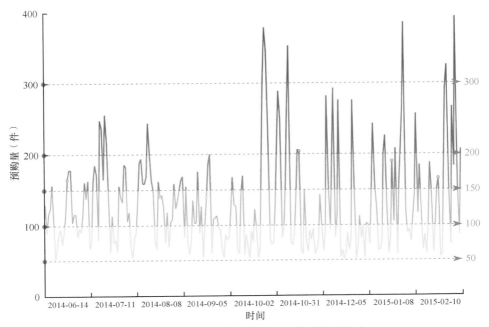

图7-34　水产品（钦州生蚝）交易折线图展示

示，牵扯多家单位与公司，其中关系颇为复杂，因此在智慧服务平台用户方面需要分配不同的权限以预防用户之间误操作篡改数据的风险。

　　建设互联互通的北部湾海洋牧场地理时空数据化智慧服务平台研发与应用示范基础调查数据库管理系统，满足各级政府对北部湾海洋牧场地理时空数据化智慧服务平台基础数据的需求。北部湾海洋牧场地理时空数据化智慧服务平台数据库以海域动态监视监测管理系统数据库为基础，建设任务包括权属信息的调查入库、坐标信息采集入库，以及调查附件、照片、影像资料等数据信息的规范化、标准化建库。基础数据管理如图 7-35 所示。

　　基础数据管理平台系统可实现系统管理员对该模块数据进行统计查询（按照动态列，配置数据结构中所有字段）。

　　（2）预期结果分析

　　权限管理的系统流程如图 7-36 所示。

　　用户在登录的时候，系统首先通过查询数据库中存放的用户信息验证用户名密码是否正确，然后查询数据库中的用户角色信息，再通过用户角色信息查询用户对应的功能模块，最后显示在系统主页面中，可供用户使用。

　　用户权限管理，原则上对于每个用户都需要系统管理员来分配用户的权限，而用户本身不能授权给其他用户自己的权限（图 7-37）。

图7-35 基础数据管理展示图

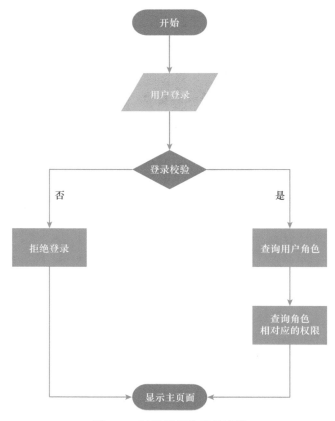

图7-36 权限管理的系统流程

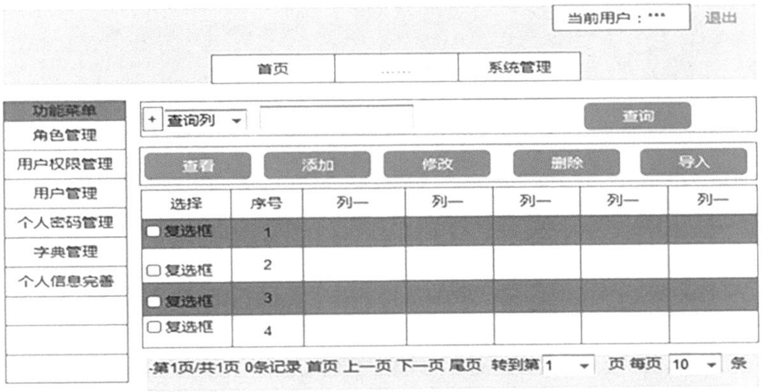

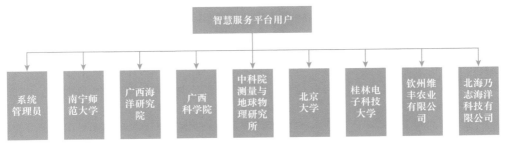

图7-37　用户权限展示

智慧服务平台主要用户如图 7-38 所示。

图7-38　智慧服务平台主要用户

　　除用户权限管理之外，基础数据管理模块还需要分别对沿海地区行政区数据、确权项目基本信息、其他海籍地类基本信息、海水信息、基础业务信息及时空地理数据等信息进行前期导入与中后期管理。基础数据管理模块由系统管理员用户负责。

参 考 文 献

安丰光, 宋树华, 罗旭, 等. 2014. 基于GeoSOT的遥感影像云索引模型研究. 地理与地理信息科学, 30(5): 22-25.

陈波, 邱绍芳, 葛文标, 等. 2001. 广西沿岸主要海湾潮流的数值计算. 广西科学, 8(4): 295-300.

范航清, 彭胜, 石雅君, 等. 2007. 广西北部湾沿海海草资源与研究状况. 广西科学, 14(3): 289-295.

方国洪, 魏泽勋, 王永刚. 2008. 我国潮汐潮流区域预报的发展. 地球科学进展, 23(4): 331-336.

冯兴如, 尹宝树, 杨德周. 2011. 渤黄海潮汐潮流精细化数值模拟及可视化预报系统. 海洋预报, 28(4): 65-69.

韩秋影, 黄小平, 施平, 等. 2007. 广西合浦海草床生态系统服务功能价值评估. 海洋通报, 26(3): 33-39.

韩秋影, 施平. 2008. 海草生态学研究进展. 生态学报, 28(11): 5561-5570.

胡晓光, 程承旗, 童晓冲. 2015. 基于GeoSOT-3D的三维数据表达研究. 北京大学学报, (6): 1021-1028.

黄磊. 2007. 渤海二维潮流数值预报. 青岛远洋船员学院学报, 25(2): 36-38.

李孟国, 郑敬云. 2007. 中国海域潮汐预报软件Chinatide的应用. 水道港口, 28(1): 65-68.

李树华, 童万平. 1987. 钦州湾潮流和污染物扩散的数值模型. 海洋环境科学, 6(2): 30-37.

李颖虹, 黄小平, 许战洲, 等. 2007. 广西合浦海草床面临的威胁与保护对策. 海洋环境科学, (6): 587-591.

廖永丰, 李博, 吕雪锋, 等. 2013. 基于GeoSOT编码的多元灾害数据一体化组织管理方法研究. 地理与地理信息科学, 29(5): 36-40.

陆楠, 伍学民, 程承旗, 等. 2015. 基于GeoSOT地理网格的环境信息标识与检索方法. 河北农业大学学报, 38(6): 129-134.

吕新刚, 乔方利, 夏长水. 2008. 胶州湾潮汐潮流动边界数值模拟. 海洋学报, 30(4): 21-29.

邱广龙, 范航清, 周浩郎, 等. 2013. 基于SeagrassNet的广西北部湾海草床生态监测. 湿地科学与管理, (1): 59-63.

施华斌, 牛小静, 余锡平. 2012. 北部湾及广西近海潮流数值模拟. 清华大学学报(自然科学版), 52(6): 791-797.

宋树华, 程承旗, 濮国梁, 等. 2014. 全球遥感数据剖分组织的GeoSOT网格应用. 测绘学报, (8): 869-876.

宋帅, 李培良, 顾小丽, 等. 2009. 渤海东海可视化潮汐预报系统. 系统仿真学报, 21(18): 5699-5703.

孙洪亮, 黄卫民. 2001. 广西近海潮汐和海流的观测分析与数值研究——Ⅱ. 数值研究. 黄渤海海洋, 19(4): 12-21.

谭丽荣, 陈珂, 王军, 等. 2011. 近20年来沿海地区风暴潮灾害脆弱性评价. 地理科学, 31(9): 1111-1117.

王国栋, 康建成, 闫国东. 2010. 沿海城市风暴潮灾害风险评估研究述评. 灾害学, 25(3): 114-118.

王妍程, 蔡列飞, 侯继虎, 等. 2016. 基于GeoSOT模型的地理国情监测多级网格信息统计. 地理空间信息, 14(1): 8-13.

许贵林, 胡宝清, 黄胜敏. 2018. 北部湾. 南宁: 广西科学技术出版社.

许世远, 王军, 石纯, 等. 2006. 沿海城市自然灾害风险研究. 地理学报, 61(2): 127-138.

尹占娥, 许世远. 2012. 城市自然灾害风险评估研究. 北京: 科学出版社: 12-14.

张燕, 孙英兰, 张雪庆, 等. 2007. 广西近岸海域潮流数值模拟. 海洋通报, 26(5): 17-21.

Borum J, Duarte C M, Krause-Jensen D, et al. 2004. European seagrasses: an introduction to monitoring and management. Copenhagen: The M&MS Project.

Cheng C Q, Tong X C, Chen B, et al. 2016. A subdivision method to unify the existing latitude and longitude grids. International Journal of Geo-Information, 5(9): 161.

Geoffrey D. 1996. Improving locational specificity of map data—a multi-resolution, metadata-driven approach and notation. International Journal of Geographical Information Science, 10(3): 253-268.

Goodchild M F. 2000. Discrete Global Grids for Digital Earth. Santa Barbara: International Conference on Discrete Global Grids.

Jiang H, Xu G L, Jing Q. 2010a. Research on adaptive model of remote sensing image segmentation based on graph theory//Computer Application and System Modeling (ICCASM), 2010 International Conference on 2010 IEEE.

Jiang H, Xu G L, Wang H. 2010b. One method of rapid search using character encoding to transform the character into long integer//Intelligent Computing and Integrated Systems (ICISS), 2010 International.

Kaklauskas A. 2015. Intelligent decision support systems. IEEE International Conference on Systems, 3(4): 1934-1938.

Kevin S, White D, Kimerling A J. 2003. Geodesic discrete global grid systems. Cartography and Geographic Information Science, 30(2): 121-134.

Li K, Li G S. 2011. Vulnerability assessment of storm surges in the coastal area of Guangdong Province. Natural Hazards and Earth System Science, 11(7): 2003-2010.

Li S, Cheng C Q, Chen B, et al. 2016. Integration and management of massive remote-sensing data based on GeoSOT subdivision model. Journal of Applied Remote Sensing, 10(3): 034003.

Li Y L. 2014. Research on the marine disaster emergency management on the basis of the contingency theory.

Lin B, Zhou L, Xu D, et al. 2018. A discrete global grid system for earth system modeling. International Journal of Geographical Information Science, 32(4): 711-737.

Ma T, Zhou C, Xie Y, et al. 2009. A discrete square global grid system based on the parallels plane projection. International Journal of Geographical Information Science, 23(10): 1297-1313.

Mahdavi-Amiri A, Alderson T, Samavati F F. 2015a. A survey of digital earth. Computers & Graphics, 53: 95-117.

Mahdavi-Amiri A, Samavati F F, Peterson P. 2015b. Categorization and conversions for indexing methods of discrete global grid systems. ISPRS International Journal of Geo-Information, 4(1): 320-336.

Mo Z M, Chen Q H, Xu G L. 2010. Research on intelligent extraction of multi-source spatial data//The 2011 IEEE International Conference on Intelligent Computing and Integrated Systems(ICISS 2010). Guilin: p552-554.

Peterson P R. 2017. Discrete global grid systems//Richardson D. The International Encyclopedia of Geography. Malden, Oxford: John Wiley and Sons Ltd.

Sahr K, White D, Kimerling A J. 2003. Geodesic discrete global grid systems. Cartography and Geographic Information Science, 30(2): 121-134.

Tong X, Ben J, Wang Y, et al. 2013. Efficient encoding and spatial operation scheme for aperture 4 hexagonal discrete global grid system. International Journal of Geographical Information Science, 27(5): 898-921.

Tong X, Wang R, Wang L, et al. 2016. An efficient integer coding and computing method for multiscale time segment. Acta Geodaetica et Cartographica Sinica, 45(S1): 66-76.

Wright D J, Goodchild M F. 1997. Data from the deep: implications for the GIS community. International Journal of Geographical Information Science, 11(6): 523-528.

Xu G L, Jiang H, Chen Q H. 2011. Research of comparison of intelligent extraction methods based on high spatial resolution image//The 2010 IEEE International Conference on Intelligent Computing and Integrated Systems (ICISS 2010). Guilin: p433-436 .

Yang Z, Feng M Q. 2015. HEI river flood risk analysis based on coupling hydrodynamic simulation of 1-D and 2-D simulations. International Journal of Heat & Technology, 33(1): 47-54.

Yu J, Wu L, Li Z, et al. 2012. An SDOG-based intrinsic method for three-dimensional modelling of large-scale spatial objects. Annals of GIS, 18(4): 267-278.